U0181287

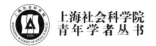

城市"蓝绿空间"
冷岛效应及其
对人体舒适性影响研究

杜红玉　著

Cooling Island Effect of
Urban "Blue and Green Space" and
Its Effect on Human Comfort

上海人民出版社

编审委员会

主　编　王德忠

副主编　王玉梅　朱国宏　王　振　干春晖　王玉峰

委　员　（按姓氏笔画排序）

王　健　方松华　朱建江　刘　杰　刘　亮

杜文俊　李宏利　李　骏　沈开艳　沈桂龙

周冯琦　赵蓓文　姚建龙　晏可佳　徐清泉

徐锦江　郭长刚　黄凯锋

总　序

　　2020年,尽管新冠肺炎疫情对人类生活和经济社会发展造成一系列影响和冲击,但在党中央的坚强领导和全国人民的共同努力之下,中国实现了全球主要经济体唯一的经济正增长,在脱贫攻坚、全面建成小康社会等方面成绩斐然,交出了"一份人民满意、世界瞩目、可以载入史册的答卷"。在此期间,上海社会科学院的广大科研人员在理论研究和社会实践中坚决贯彻落实党中央和上海市委市政府的决策部署,积极发挥自身优势,以人民为中心、以抗疫与发展为重点,与时代同步,"厚文化树信心,用明德引风尚",在理论支撑和智力支持上贡献了积极力量,也取得了一系列重要的学术理论研究和智库研究成果。

　　在上海社会科学院的科研队伍中,青年科研人员是一支重要的骨干研究力量,面对新时代的新使命、新阶段的新格局、新发展的新情况,上海社科院的青年人以其开放的思想、犀利的眼光、独到的新视角,大胆探索,深入研究社会科学中的前沿问题,取得了一系列突出的成果,也在这生命最美好的时光中谱写出一道道美丽的风景。面对这些辈出的新人和喜人的成果,上海社会科学院每年面向青年科研人员组织和征集高质量书稿,出版"上海社会科学院青年学者丛书",把他们有价值的研究成果推向社会,希翼对我国学术的发展和青年学者的成长有所助益。

　　我们2021年出版的这套丛书精选了本院青年科研人员的最新代表作,涵盖了经济、社会、生态环境、文学、政治法律、城市治理等方面,反映了上海社会科学院新一代学人创新的能力和不俗的见地,是过去一年以来上海社会科学院最宝贵的财富之一。丛书的出版恰逢中国共产党建党百年的大事、喜事,这是社科青年用自己的"青春硕果"向中国共产党百年华诞献礼!

"青年是生命之晨,是日之黎明",是人类的春天,更是人类的期望,期待在这阳光明媚的春天里上海社科院的青年人才不负韶华,开出更加绚丽的花朵。

上海社会科学院科研处

2021 年 4 月

前　言

随着全球气候变暖和城市化进程的推进,全球各地频繁出现极端高温天气,严重影响居民生活。上海是中国城市化水平最高、经济最发达的地区之一,近年来城市热岛强度逐年提高,面积不断扩大,夏季高温灾害的发生频率与强度显著增加,缓解城市热岛效应是亟待解决的科学和社会问题。

城市"蓝绿空间"具有显著的冷岛效应,充分利用城市"蓝绿空间",并优化其周围景观格局配置来缓解热岛效应,对改善城市人居环境、提高城市生态建设水平具有重要意义。

本书重点研究上海城市地表温度的时空分布格局,讨论城市"蓝绿空间"冷岛效应及其影响因素,并提出充分发挥"蓝绿空间"冷岛效应的规划对策。主要研究结论包括以下 5 个方面:

(1) 城市地表温度的时空分布格局及其影响因素。

时间变化特征为:近 15 年来,上海市热岛效应逐年增强,热岛面积逐年增大;空间变化特征为:热岛空间分布的总体趋势由中心城区向外围不断扩张。

不同用地类型的地表温度差异显著,各年份的平均地表温度排序均为:建设用地>裸地>绿地>农业用地>水体。建设用地对上海市的热岛效应贡献最大,易形成热岛中心;而水体和绿地对缓解热岛效应具有显著效果,易形成冷岛中心。绿地、水体景观斑块面积越大,景观破碎化程度越小,分布越集中,景观形状越复杂,平均地表温度越低,对热岛效应的缓解效果越好;建设用地与之相反,建设用地景观面积越大,景观破碎化程度越小,分布越集中,景观形状越复杂,平均地表温度越高,城市热岛效应越显著。

(2)城市水体冷岛效应及其影响因素。

水体自身温度特征及其影响因子之间的相关关系研究表明,水体自身温度与水体面积(S_w)、形状指数(LSI_w)呈负相关关系,与周围环境中不透水面面积比(PC_{wo})显著正相关。水体的降温范围、降温幅度与PC_{wo}显著负相关,与S_w和LSI_w显著正相关;降温梯度与各影响因子间的关系不显著。

当LSI_w大于4或PC_{wo}小于60%时,水体降温范围显著增强。因此在设计水体景观时,在水体面积一定的情况下,为了增强其降温范围可使LSI_w大于4,尽量增大水岸线的蜿蜒程度;周围环境配置中,尽量使PC_{wo}小于60%。

对水体冷岛效应与各影响因素之间进行多元线性回归分析得到水体降温范围和降温幅度的预测模型,应用所得的模型模拟未被用于建模的6个样点,对模型进行验证,拟合值与实际值的相关系数分别为0.879和0.762,模型可靠度较高。

(3)城市绿地冷岛效应及其影响因素。

绿地自身温度特征与自身影响因子之间的相关关系研究表明:绿地自身温度与绿地面积(S_g)和形状指数(LSI_g)负相关,与绿地内不透水面面积比(PC_{gi})显著正相关,S_g和PC_{gi}是影响绿地内部温度的主要因素。S_g与其内部温度间存在明显阈值:当S_g小于20 ha时,绿地自身温度随着绿地面积的增大而显著降低;当S_g大于20 ha时,绿地的内部温度趋缓,不再随着面积的增大而显著变化。故降低绿地自身温度的有效措施为:在面积一定的情况下,降低绿地内不透水面面积比例或适当增加绿地的边缘率。

绿地冷岛效应的影响因素研究表明:S_g和绿地外部环境因子是影响绿地冷岛效应的主要因素。绿地的降温范围与S_g显著正相关,与绿地外部不透水面面积比例显著负相关；绿地的降温幅度除与 S_g 显著正相关外，与其他影响因素相关性不显著；绿地的降温梯度与 LSI_g 和绿地外部环境中水体面积比例显著正相关，与其他影响因素相关性不显著。

通过对绿地冷岛效应与各影响因素之间进行多元线性回归分析得到绿地降温范围、降温幅度和降温梯度的模型，应用所得的模型模拟为被用于建模的 28 个绿地样点的冷岛效应，实际值与拟合值的相关系数分别为 0.743，0.605 和 0.692，模型可靠度较高。

（4）城市"蓝绿空间"冷岛效应的仿真研究。

通过水体和绿地冷岛效应的对比结果可知，水体冷岛效应在降温范围和降温幅度方面强于绿地，但在降温效率方面略弱于绿地。

根据计算流体力学（Computational Fluid Dynamics，CFD）技术对不同形态水体冷岛效应的模拟结果可知，面状湖泊的冷岛效应强于线状河流，且形状越复杂的湖泊，冷岛效应越强。故进行水体景观规划设计时，增大水体冷岛效应的有效措施为：如果条件允许，应尽量多设置面状水体。

根据 CFD 技术对不同形态绿地冷岛效应的模拟结果可知，不同形态的绿地冷岛效应由强到弱的顺序均依次为：楔状＞放射状＞带状＞点状。即楔状绿地冷岛效应最强，带状绿地、点状绿地的冷岛效应较弱。但带状绿地对其所形成廊道内的空间具有明显的降温效果；点状绿地对周边小范围的降温效果最明显。因此在进行绿地景观规划设计时，如果条件允许，可将楔状绿地作为城市绿地建设的首要布局形式；点状绿地形态较为自由，对改善局部小气候具有重要作用，可在住宅小区内采用点状形式；带状绿地可形成城市的通风廊道，加强城市内部与外部的气流交换，增强城市的透风性，因此应设置与主导风向一致的道路绿化等，且在河道周围预留足够的缓冲区，充分发挥其"冷带廊道"效应。

（5）城市"蓝绿空间"对人体舒适度的影响。

本研究选择上海市中心城区 3 条河流、6 个湖泊、9 块绿地作为研究对

象,研究不同类型的水体、绿地对周围环境中人体舒适度的影响,探寻夏季对人体最适宜的城市"蓝绿"空间类型。研究结果显示:

水体对周围环境具有一定的降温作用,同样也具有比较强的增湿作用。随着距离水体距离的增加,降温增湿作用减弱。且湖泊对于人体舒适度的改善作用强于河流,LSI 大的湖泊对人体舒适度的改善作用强于 LSI 小的湖泊。其中,LSI 大湖泊平均可降低周围环境 2.9 ℃,湿度增加 4.0%;LSI 小湖泊平均可降低周边环境 3.2 ℃,湿度增加 1.7%;河流平均可降低周边环境 2.3 ℃,湿度增加 1.3%。

绿地对周围环境具有显著的降温增湿效应,且对人体舒适度具有显著改善作用。且随着距离绿地越远,降温增湿效应越弱,对人体舒适度的改善作用越弱。不同形状绿地对周围环境的降温增湿作用及对人体舒适度改善效果有所差异,点状绿地可降低周围环境 2.8 ℃,湿度增加 3.0%;带状绿地可降低周围环境 2.1 ℃,湿度增加 1.8%;面状绿地可降低周围环境 3.1 ℃,湿度增加 3.8%。由此可知,绿地对人体舒适度改善效果由强到弱的顺序依次为:面状绿地>点状绿地>带状绿地。

基于上述结果可知,城市"蓝绿空间"对人体舒适度改善作用由强到弱的顺序依次为:LSI 大湖泊>LSI 小湖泊>面状绿地>点状绿地>河流>带状绿地。

(6) 城市"蓝绿空间"规划对策建议。

城市"蓝绿空间"总体规划:在城市总体规划设计中,遵循打造"冷带"、增加"冷点",保护"冷面"的原则,来达到有效缓解城市热岛效应的目的。在城市内部主干道及绕城环路上增加"冷带",增加城市的透风性,可提高城市空气质量及改善热环境舒适度;在中心城区内部增加"冷点",以"冷点"打散成片的热岛区域,减弱城市热岛效应,改善"冷点"周围的小气候;保护及增加中心城区外部的"冷面"区域,使其发挥最大冷岛效应,来调节城市整体热环境。

　　本研究具有较大的科学意义及广泛的应用前景。研究成果可快速应用于规划实践,指导未来城市建设和城市"蓝绿空间"规划布局;可为我国制定削弱热岛效应的相关规范提供基础参考;可补充和完善城市规划学科的理论体系,推动城市规划学科的科学化进程。

　　本书受上海市 2020 年度"科技创新行动计划"自然科学基金项目(20ZR1440400)及国家自然科学基金青年基金项目(4190011817)的资助,特此鸣谢。同时本书在写作过程中得到了博士研究生阶段导师蔡永立教授、博士研究生阶段同学及同门的大力帮助,及上海社会科学院院领导、学术界、政府机构、企业界以及相关同志的鼎力支持。华东师范大学及上海社会科学院为本研究的顺利开展提供了强大的基础保障,导师、院领导及科研处等相关领导同志为本研究提供了重要支持,上海社会科学院生态与可持续发展研究所周冯琦所长为本研究提供了诸多宝贵的意见。上海交通大学蔡永立教授为本研究提供了富有价值的建议以及重要的研究资料。华东师范大学的同学阚增辉、詹飞龙、杨成术博士、赵习枝博士、王媛媛博士等为本书中模型软件的建立及计算提供了技术支持。上海社会科学院生态与可持续发展研究所尚勇敏、陈宁、程进、张文博、吴蒙、张希栋、曹莉萍、李海棠、嵇欣、周伟铎、刘新宇、刘召峰、李亚莉等同志为本研究提供了有益的建议。在此,对以上同志提供的帮助与支持表示衷心感谢!

　　由于研究能力和时间有限,本书难免会有错误或疏漏之处,恳请各位读者批评指正。

杜红玉

2020 年 8 月 31 日

目　录

图名目录

本书图片可访问以下网址或扫描二维码进行浏览。

网址：https://user.qzone.qq.com/823785823/photo/V53YwzIR35BcR33n-v3j33O9l1p08k3Y1/

表名目录

第一章
绪　论

第一节　研究背景及意义

一、研究背景

从 1992 年的《联合国气候变化公约》到 1997 年的《京都议定书》,再由"巴厘路线图"到"哥本哈根世界气候大会",世界对全球变暖问题的关注度越来越高。据报道,从 19 世纪末到 20 世纪 90 年代,全球气温上升了 0.3—0.6 ℃(李国琛,2005)。随着全球气候变暖和城市化进程的推进,全球各地频繁出现极端高温天气,对居民健康产生了严重影响,如:1995 年 7 月中旬,芝加哥遭受热浪袭击,短短一个星期就有 700 余人因高温中暑死亡(Semenza et al., 1996);2003 年夏季,高温中约 35 000 人因欧洲的热浪丧生(Stoot et al., 2004);2013 年,中国郑州市内多地气温突破 45 ℃(黄焕春,2014);2017 年 7 月上海、重庆、西安、合肥等地连续出现超过 40 ℃的高温天气,地表温度更高达 70 ℃以上。政府间气候变化专门委员会(IPCC)报告指出,未来这种高温热浪发生的强度、频率以及持续时间仍将显著增加(IPCC,2007)。因此缓解城市夏季高温的方法已成为城市热环境效应、气候变化、城市自然灾害等多学科、多领域当前的研究热点。

快速的城市化导致城市景观格局和过程的演变（Gao et al.，2011；Kaza，2013），造成城市地表覆被类型变化，进而导致城市地表热力学性质的改变，催生了城市热岛效应等生态后果（Huang et al.，2012；陈利顶等，2013）。城市热岛效应已从一般的气候现象变为影响城市生态环境和可持续发展的八大环境问题之一（李皓，2007）。城市热岛效应会为城市气候和居民的生产生活带来一系列的危害，如：加快光化学烟雾的形成，产生雾霾天气，导致空气质量恶化（Yoshikado et al.，1996；Lai et al.，2010；Zhong et al.，2017）；增加城市能源消耗（Kikegawa et al.，2006；Fung et al.，2006；Kolokotroni et al.，2012）；危害居民健康（Meyer et al.，1991；Tan et al.，2010；Shahmohamadi et al.，2011）等。目前，大量的医学临床试验证明，环境温度可影响人体的生理活动。当环境温度在 28 ℃ 以上时，会导致人体出现焦躁、压抑、记忆力下降、精神紊乱、食欲减退、消化不良等精神系统和消化系统疾病（Mavrogianni et al.，2011）；当气温高于 34 ℃，心脑血管和呼吸系统疾病的发病率上升，死亡率增加（付雪婷等，2004）。

然而，有研究学者发现，在城市热岛内部，零星散布着明显低于周围环境温度的冷点区域，这一现象被称为冷岛效应。目前已有研究证明城市冷岛效应能有效降低周围环境温度（Ren et al.，2013；Alavipanah et al.，2015；Anjos et al.，2017）、降低能源消耗（Akbari et al.，2001；Akbari et al.，2011；Xu et al.，2012）、提升人体舒适度（Steeneveld et al.，2011；Martins et al.，2016）等。城市冷岛效应是随着城市热岛效应的研究而发展起来的，强调缓解城市热岛效应的手段（余兆武等，2015）。但相比城市热岛效应，城市冷岛效应的空间规律、理论、机理、应用等方面的研究较为欠缺。

上海作为中国城市化水平最高、经济最发达的地区之一，近年来热岛强度、面积不断增大，夏季平均气温持续升高（Tan et al.，2010；Zhang et al.，2010；丁金才等，2002）。上海市徐家汇国家气象站观测显示，2013 年 6 月 1 日至 2013 年 8 月 31 日上海市高温日（日最高气温≥35 ℃）共计 47 天，其中

6月2天,7月25天,8月20天。高温天气下打在上海外滩观光平台石栏上的鸡蛋约一刻钟就被加热到半熟(图1.1);2017年7月,上海市高温日(日最高气温≥35℃)共计23天。可见,近年来上海地区高温灾害频繁出现,同时城市热岛效应进一步加重了灾害,对社会公共基础设施和居民的身体健康造成严重影响,缓解夏季城市热岛效应迫在眉睫。

建设城市"蓝绿空间"是缓解城市热岛效应的重要手段。然而我国"人多地少",为保障城市发展用地,城市绿地和水体的规划与建设受到了诸多限制,甚至不可避免填湖、围垦等侵蚀城市绿地和水体的现象。在此背景下,通过大规模增加绿地和水体面积来改善城市环境质量,缓解城市热岛效应的手段不可取。但可找出影响城市"蓝绿空间"冷岛效应的因素,并据其优化城市"蓝绿空间",充分利用有限"蓝绿空间"的最大效能。

图 1.1 上海外滩鸡蛋被煎熟(http://news.163.com/15/0805/07/B085AJVJ00014TUH.html)

基于以上背景,本书解决的科学问题是:哪些因素可影响城市"蓝绿空间"的冷岛效应? 如何优化城市"蓝绿空间"的规划设计以发挥其最大冷岛效应?

二、研究意义

本研究应用遥感(Remote Sensing，RS)、地理信息系统(Geographic Information System，GIS)和计算流体力学(Computational Fluid Dynamics，CFD)等技术手段,开展城市"蓝绿空间"冷岛效应及其影响因素的基础性研究,并模拟预测不同形式的城市"蓝绿空间"对周围环境冷岛效应的作用,提出城市"蓝绿空间"冷岛效应规划对策,具有重要的科学和现实意义。

本研究具有较大的科学意义及广泛的应用前景。第一,研究成果可补充和完善城市规划学科的理论体系,推动城市规划学科的科学化进程,同时可为城市热岛效应的研究提供新的思路。第二,研究明确影响城市"蓝绿空间"冷岛效应的影响因素,及城市"蓝绿空间"冷岛效应的空间规律。

本研究成果具有重要的现实及环境意义:第一,可快速应用于城市"蓝绿空间"的布局规划实践,有利于指导未来城市"蓝绿空间"规划,从而直接影响规划后城市热环境格局。第二,可为我国制定削弱热岛效应的相关规范提供基础参考。第三,有利于减少由城市热岛引起的城市灾害(高温热浪,城市内涝等)的发生频率。研究显示,城市热岛可以增加城市降雨,提高城市温度(Taha,1997;李子华等,1993；Kim,1992),因此缓解城市热岛有利于降低城市灾害的发生频率。第四,有利于改善城市空气质量。研究显示城市热岛强度与污染物和烟雾浓度在一定范围内呈显著正相关(朱焱等,2016;肖荣波等,2005；de Miranda et al.,2012)。因此,缓解城市热岛在一定程度上可以减少由热岛引起的空气污染,改善空气质量。第五,有利于改善人居环境及居民身心健康,降低中暑、心脑血管疾病及呼吸道疾病的发病率(谈建国,2008;杨续超等,2015；Mavrogianni et al.,2011;李芙蓉等,2008)。第六,有利于减少能源消耗,缓解夏季酷暑并降低空调的使用时间,从而达到节能减排的效果(Kilkegawa et al.,2006；Koloktroni et al.,2012)。

第二节　国内外研究进展

一、相关概念与内涵

1. 城市"蓝绿空间"的概念

城市"绿色空间"指城市环境中的任何植被,是存在于住宅之外用于聚会的场所,这些场所为居民提供休闲游憩,相互接触的机会,为自然界提供生境,保护生物多样性(Kabisch et al.,2013)。由此可视城市"绿色空间"为城市绿地空间。类似城市"绿色空间"的概念,城市环境中出现水体的地方可称为城市"蓝色空间"。同样,也可视城市"蓝色空间"为城市水体空间。

基于上述分析,并根据本书所选的研究对象,可将城市"蓝绿空间"定义为:城市绿地和城市水体的统称。

水体:本书将人工水体和自然水体视为统一的整体,不区分水体的功能类型,即视城市区域内的所有自然及人工水体为"蓝色空间",包括:河流、湖泊、水库、湿地和人工小溪等。

绿地:本书将人工绿地和自然绿地视为统一的整体,不区分绿地的功能类型,即所有植被覆盖的区域均视为"绿色空间"。主要包括:森林、风景区、自然保护区、城市街头绿地、城市公园及居住区绿地等。

2. 城市热岛效应的概念与内涵

1818 年,英国人霍华德对伦敦城区和郊区的气温进行对比观测,指出伦敦市中心气温比郊区高,并在《伦敦气候》一书中首次提出了"城市热岛"的概念(Howard,1833)。在此后的 200 多年里,城市热岛效应一直备受关注,不同国家和地区的学者都发现并证实了这一现象。特别是 20 世纪后,随着全球变暖和城市化进程的加快,城市热岛效应的研究成为具有理论和实践双重意义的热点。

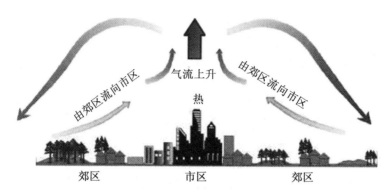

图 1.2　城市热岛效应环流示意图

城市热岛效应是指城市温度比周围农村温度高的现象(图 1.2)。热岛效应按照研究对象可分为大气热岛和地表热岛两种。应用大气温度数据研究的城市热岛即为大气热岛;应用热红外遥感获得的地表辐射温度研究的城市热岛即为地表热岛。本书关注的是地表热岛,下文如未作特殊说明,均指地表热岛。对城市热岛效应按研究时间分类,可分为年变化研究,季变化研究和日变化研究三种。按研究空间尺度分类,可分为宏观尺度:城市及以上尺度;中尺度:城市内行政区尺度;微观尺度:街区及以下尺度。

3. 城市冷岛效应的概念与内涵

城市冷岛效应随着城市热岛效应研究的深化而逐渐发展起来。冷岛效应最早出现在对沙漠绿洲与湖泊观测时发现的气象现象,即干旱地区的绿洲或湖泊相对于周围环境是一个冷源,形成一种与热岛效应相反的冷岛效应(苏从先等,1987)。随后,人们在不同尺度上证实了冷岛效应的存在(Du et al.,2017;胡隐樵,1989;杜铭霞等,2015)。城市冷岛效应的研究,在缓解城市热岛效应,提高居民居住环境舒适度等方面具有重要意义。

本书把城市冷岛效应定义为某一区域的温度低于其周围区域及该区域所在地的平均温度的现象(图 1.3)。城市冷岛效应同城市热岛效应一样,按照研究对象、时间和空间分类。不同研究对象、不同时间、不同空间,冷岛效应均有不同特点。因此,在研究初始须明确上述三个问题。

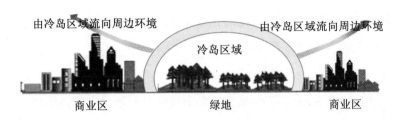

由冷岛区域流向周边环境　　　　　由冷岛区域流向周边环境

冷岛区域

商业区　　　　　　　绿地　　　　　　　商业区

图 1.3　冷岛效应示意图

二、城市热岛效应的研究进展

自从城市热岛效应的概念提出以来,各国学者对不同类型、不同纬度城市的城、郊温度差异进行研究,证实热岛效应这一现象的存在(Carnahan et al.,1990;Sailor et al.,2004)。目前,城市热岛效应的研究主要集中在以下几个方面:城市热岛效应时空格局特征、影响因素和研究方法等。

1. 城市热岛效应时空格局特征研究

城市热岛强度存在明显的日变化(Huang et al.,2008)、季节变化(杨沈斌等,2010)和年变化(Velazquez et al.,2006)周期性特征。热岛强度季节性差异主要与太阳辐射强度、植被覆盖状况和人为热源释放的季节性变化有关。例如,刘伟东等(2013)通过对 2007—2010 年北京地区 123 个自动气象观测站的气温数据处理,得出北京地区冬季和夜间热岛效应较强。龚志强等(2011)对长沙市城区的热岛特征进行研究,结果同样表明四季的热岛强度为秋、冬季热岛强度强于春、夏季;昼夜的热岛强度为夜间强于白天。而 Du 等(2016)利用遥感影像对长三角地区四季热岛效应变化特征进行研究,结果表明:夏季热岛效应最强,其他季节较弱。

由于城市内部人口密度、土地利用类型分布状况等存在明显差异,因此热岛强度的空间分布不同(Xu et al.,2006)。利用遥感影像对美国印第安纳波利斯的地表温度与植被覆盖度之间的关系进行研究,结果表明地表温度与植被覆盖度之间呈显著负相关关系(Weng et al.,2004)。对东营市热岛空间分布研究的结果显示,随着东营市经济开发区的发展,城区热岛强度的空间分布随之变化显著(盛辉等,2010)。

2. 城市热岛影响因素研究

在全球气候变暖背景下,城市热岛不仅会对局地尺度的能源消耗、人类健康及居民舒适度产生严重影响(Vandentorren et al.,2006；Laaidi et al.,2011),而且还会改变或影响区域或全球尺度的热通量、热辐射及地球水文系统平衡(Grimm et al.,2008；Parham and Guethlein,2010)。探究影响城市热岛成因机制,对提出有效的缓解热岛策略具有重要作用。前人的研究结果表明影响城市热岛效应的影响因素众多,主要包括:大气环流(De Freitas et al.,2007；Masson et al.,2008)、气候因素(Arnfield et al.,2003；Peng et al.,2011)、下垫面性质的改变(Su et al.,2010；Zhang et al.,2010)、人口密度(Elsayed et al.,2012；Debbage et al.,2015)、居民生产生活释放的人为热(孙然好等,2017)等。基德尔等(Kidder et al.,1995)研究结果显示,风速、云量和降雨是影响城市热岛强度的主要气象因素。随着城市化进程的加快,原始自然地表被水泥、沥青、混凝土等具有高热容、高导热率的地表材料所替代,使得城、郊地表温度产生差异,进而形成城市热岛效应(Weng,2001)。对长三角城市群热岛效应驱动力研究的结果显示,热岛强度与城市能源消耗具有显著正相关关系(Du et al.,2016)。

3. 城市热岛效应研究方法

目前对城市热岛效应的研究方法可归纳为三类:传统地面观测法(Stone et al.,2006；张健等,2010)、遥感监测法(彭少麟等,2005)和数值模拟法(Outcalt,1972；Dabberdt et al.,1978)。传统地面观测法是通过地面气象观测站或人工在样地内布置地面观测点收集气象资料,采用气候学、统计学中常用的分析方法研究城市热岛效应。该方法具有连续性和可控性的优点,但由于观测点数量有限,仅能粗略地获得城市热岛效应的空间分布(白杨等,2013)。遥感监测法是通过卫星遥感传感器获取地表温度。该方法获取数据具有连续性、完整性和实时性,弥补了传统地面观测法的不足,为城市热岛效应的研究提供更科学的数据支持(Rao,1972)。数值模拟法是通过建立数学模型对城市热环境状况进行数值模拟。该方法具有连续性,可定量分析热环境变化机制等优点,但存在模型参数设置不确定的不足(Myrup,1969)。因此将数值模拟技术与遥感监测技术相结合,既可以获得连续的城市热岛空间分布特征,还可模拟任何时间上的热岛分布模式,为城市热岛效应的预测和制定缓解策略提供科学依据。

三、城市冷岛效应的研究进展

目前,已有部分国内外学者对城市"蓝绿空间"的冷岛效应进行了研究和证实。在宏观尺度上,应用遥感技术对城市"蓝绿空间"冷岛效应的研究是当前的主流方向之一,而从多尺度水平上研究城市"蓝绿空间"对城市热岛的缓解作用还相当缺乏。

1. 城市水体冷岛效应研究

水体具有显著的冷岛效应,其作用机理为:水体可以通过蒸腾作用降低自身温度,同时通过跟周边区域的气流交换,减少周边区域的热量堆积(Kolokotroni et al.,2006)。随着城市热岛效应的突显,城市水体的冷岛效应受到越来越多学者的重视。目前多数研究集中在:水体自身特征(如:面积、形状边界等)对水体冷岛效应的影响(Wu et al.,2014;杨永川等2015;Yang et al.,2015)。如哈思韦等(Hathway et al.,2012)的研究表明,水体的面积越大,水体冷岛效应越强;以上海市为例,不同形态水体冷岛效应的差异表明,水体的边界形态越复杂,水体的冷岛效应越强(Du et al.,2016)。岳文泽等(2013)的研究表明,面状水体的冷岛效应强于线状水体。然而水体的降温范围是受其自身特征及周围环境配置共同的影响,但研究关于水体周围环境配置对水体冷岛效应的影响研究较少,水体周围的植被、不透水面对水体冷岛效应的作用不得而知。

2. 城市绿地冷岛效应研究

城市绿地具有显著的冷岛效应,其作用机理为:绿地可以通过植物的蒸腾作用,降低自身温度,避免下垫面形成高温。植被可以遮挡太阳的短波辐射,干扰建筑表面、地表和天空的长波辐射,并且减少下垫面的显热通量(孙勇等,2015)。绿地对改善城市热环境具有重要作用(史芸婷等,2019;孙喆,2019;吴思佳等,2019)。绿地内的植被不仅可以通过遮阴及蒸腾蒸发作用来降低太阳辐射带来的高温及带走多余的热量,在垂直方向上还能影响空气运动和热量交换,进而实现局部降温,形成绿地冷岛效应(Barradas,1991)。当前文献研究表明城市绿地冷岛效应的主要影响因素可以归为两大类:紧邻绿地的街道几何特征及绿地特征(刘雅婷,2017)。

在街道几何特征中,城市街谷的高宽比、街道朝向、天空可视因子等会对绿地的冷岛效应产生影响。布尔比亚(Bourbia,2004)模拟了不同高宽比城市街谷对绿地的冷岛效应的影响,研究结果表明临近宽阔的街谷,绿地的冷岛效应发挥的好于临近狭窄的街谷。其原因是街谷的高宽比控制了街道的大气流动,风速等,可以使绿地发挥更好的冷岛效应。街道朝向是决定空气流速和太阳辐射照入的重要参数。帕尔默(Palmer et al.,2007)研究结果表明,东西向的街道日间热环境差于南北向街道,可通过增加道路绿化,提升街道的热环境质量,同时也可以提升临近绿地的冷岛效应。天空可视因子(Sky View Factor, SVF)的定义为:在地表上的一个已知定点上能被看见的潜在可用天空总量的比率(即,天空半球所对应的水平面的比率)(Correa et al.,2012)。SVF 是表征城市局部地区密度和几何形状的重要参数,也是影响热岛效应的一个重要影响因素(Oke et al.,1991)。对雅典 6 个具有不同 SVF 值的城市研究的结果表明,SVF 值越低,绿地内植被密度越高,人体的热舒适性越好,绿地的冷岛效应越强(Charalampopoulos et al.,2013)。

绿地冷岛效应的强度不仅与绿地的形态及内部构成有关,还与绿地的空间配置有关。苏泳娴等(2010)的研究表明,相同面积的绿地,相较于无水体的绿地,有水体的绿地冷岛效应更为显著;绿地边界的长宽比较大(>2)的绿地,冷岛效应越显著。冯悦怡等(2014)对北京24个绿地的空间配置进行分析,结果显示,绿地形态越复杂,绿地冷岛效应越强。梁保平等(2015)对桂林市32个公园绿地研究的结果显示,绿地植被覆盖率越高,其冷岛效应越强。

3. 基于遥感技术的城市"蓝绿空间"冷岛效应研究

1972年拉奥第一次提出利用卫星热红外遥感数据分析城市热岛效应后,国内外学者开展了一系列的相关研究(Rao,1972)。遥感数据具有观测的同步性、长期性、全面性和可重复性等特点(田国量,2006),因此在大尺度的城市热岛动态监测中,得到了广泛应用(Johns et al.,1997;Masson et al.,2002)。彭静等(2007)利用6幅遥感影像对绿地缓解北京市热岛效应的状况进行了研究,结果发现,随着城市中心绿地状况的改善,北京市中心热岛空间分布的破碎化程度增加,在植被覆盖度高的区域呈现冷岛区域。卡拉汉和赫利(Carnahan and Hulley et al.,1990,2008)研究表明植被覆盖差异是造成热岛效应分布状况的主要因素。夏佳等(2007)利用2001年和2006年的遥感数据研究了成都市热岛的演变,发现由于绿化面积的增大,使得2006年二环内和东郊热岛面积明显减少。周东颖等(2011)利用遥感影像研究发现,公园绿地对周围区域的降温效应随距离增加呈递减趋势。沃森和伊(Watson and Yee,1973,1988)的研究结果表明地表温度与归一化差分植被指数(NDVI)显著负相关。邱建等(2008)研究发现,绿地形状对周边环境热岛强度有较大影响。孙然好等(Sun et al.,2012)利用遥感影像,研究北京水体对城市热岛的缓解作用,研究发现水体的位置与周围建设用地的关系对城市冷岛效应具有重要作用。亚当斯等(Adams et al.,1989)研究发现,35 m宽的河流能够使其周围温度下降1 ℃—1.5 ℃。

4. 基于景观格局的城市"蓝绿空间"冷岛效应研究

目前,从景观格局角度对城市"蓝绿空间"冷岛效应的研究相对较少,且主要为定性研究(郭晋平等,2003;李莹莹,2012;张昌顺等,2015;王耀斌等,2017)。城市绿地景观斑块的数量、大小和分布情况对缓解城市热岛效应具有很大的影响,调整斑块的形状和内部结构,优化其空间格局,会极大改善绿地的冷岛效应。沈涛等(2004)发现绿地景观格局是影响城市热岛分布的重要因素,绿地面积的变化直接造成热岛范围的变化。有学者以中国西北部的阿克苏绿洲为例,研究绿地景观格局对其缓解热岛效应的影响,研究结果显示,绿地斑块在景观中所占的面积比(PLAND),是影响其缓解热岛效应的最主要因素,PLAND越大,地表温度(LST)越低,缓解热岛效应效果越显著(Maimaitiyiming et al.,2014)。马雪梅等(2005)利用遥感影像,得出南京市地表温度分布图,然后根据绿地的密度和绿量不同,将绿地分为密林、树林和草本植物三种类型,最后对三种不同类型绿地的景观格局指数与地表温度进行相关性分析,结果表明,各类绿地的破碎程度不同,对地表温度的影响能力也有很大不同。翁等人(Weng et al.,2004)研究了美国印第安纳波利斯市的城市热岛和植被覆盖度关系,研究结果发现植被盖度与地表温度的相关性较好,并指出不同景观空间格局对两者的关系会产生影响。孙和杜等(Sun and Du et al.,2012,2016)的研究发现,水体形状指数与其冷岛效率呈正相关,即水体形状越复杂,其冷岛效率越高。

5. 不同类型的城市"蓝绿空间"冷岛效应研究

由于城市内部绿地、水体类型多种多样,有不少学者对不同类型绿地、水体之间冷岛效应能力的差异进行比较。唐罗忠等(2009)通过对南京市区林地、有行道树道路、草坪绿地等三种类型的绿地对削减城市热岛效应的能力进行比较,结果显示:林地对城市热岛效应的缓解作用最强,草坪对城市热岛效应的缓解作用最弱。何介南等(2011)通过对长沙市区内乔木林、乔冠林、灌木丛和草地四种绿地类型进行对周围环境的降温效果比较,结果显

示:乔木林＞乔冠林＞灌木丛＞草地。吴菲等(2007)测量了林下广场、无林
广场和草坪的温度,研究结果显示,一天当中,无林广场温度略高于草坪,且
远高于林下广场。郝兴宇、陈健和康博文等(2007、2010、2005)的研究也有
相似结论。

　　绿地的结构、面积、形状、覆盖率、植物种类等都会影响绿地改善热岛效
应的效果(王娟等,2006;Inamdar et al.,2008;Cracknell et al.,1996;蔺银
鼎等,2006)。刘娇妹等(2007)通过对纯林和混交林垂直方向上的温度进行
研究,结果表明纯林温度变化较为平缓,混交林由于结构复杂,因此其垂直
方向上的温度变化也较为复杂。杜等(Du et al.,2017)研究表明,绿地的形
状越复杂,周围环境温度越低。曹等(Cao et al.,2010)通过遥感影像,对日
本名古屋市内绿地的缓解热岛效应的强度进行研究,研究结果表明,绿地面
积越大,绿地冷岛效应的能力越强。岳文泽研究了公园绿地面积和周长对
周围环境的降温效果,并指出尺度对研究结论具有重大影响(岳文泽,
2005)。鲍淳松等(2001)研究发现杭州市温度与绿地覆盖率之间存在负相
关关系。魏斌等(1997)研究显示当绿地覆盖率小于40％时,绿地内部结构
和空间分布形式对周围热环境的影响较大。永红胡和张明丽等(2006,
2008)对上海不同植物群落结构的降温能力进行研究,发现柳杉群落、香樟
群落、东方衫群落和广玉兰群落的降温增湿效果较好,结构复杂的群落类型
的降温增湿能力较强。杨士弘等(2002)研究显示不同绿地冷岛效应差异在
很大程度上受绿化树种、树冠、树形、树高及栽植密度等多因素的影响。

　　水体的类型、形状等也会影响水体改善热岛效应的效果。岳文泽等
(2007)认为面状水域比线状水域具有更高的冷岛效率。杜等人(Du et al.,
2016)认为湖泊的冷岛效应强于河流的冷岛效应。孙等人(Sun et al.,
2012)等认为水体的景观形状指数(LSI)与城市冷岛效应存在线性关系。

　　关于不同类型城市"蓝绿空间"冷岛效应的研究主要是定性的研究,缺
乏定量研究。对城市"蓝绿空间"冷岛效应的影响因子研究仅研究了"蓝绿

空间"自身影响因子,鲜见结合城市"蓝绿空间"周围环境的影响因子,综合探讨影响城市"蓝绿空间"的影响因子。研究尺度较为单一,缺乏多尺度的综合研究,更未见从城市"蓝绿空间"规划布局的角度来探讨其对热岛效应的缓解作用。

四、城市"蓝绿空间"调控热岛效应的规划研究进展

1. 城市热岛效应调控方法研究

部分学者已将城市热岛效应的研究融入城市规划建设(刘姝宇,2012)。为减弱热岛效应,在规划和设计城市时采用生态设计与施工的理念,取得较好的成果。为进一步地缓解城市热岛效应,国内外学者从城市热岛效应的特征出发,提出了对应的治理对策,主要包括以下几个方面:

(1)增加绿地、水体的面积:增加立体绿化和城市水体面积等措施来缓解热岛效应(张昌顺和Takebayashi et al.,2015,2007);(2)使用高新材料:应用高反射率材料能有效降低热岛强度(Bretz and Rosenzweig,1998,2006);(3)合理城市规划:通过对武汉市热岛现状的研究,提出通过合理规划城市景观要素,利用城市主导风向等方法来缓解城市热岛效应(王辉等,2011);(4)提倡节能减排:人为热源是引起热岛的主要因素之一,因此减少人为热源的排放,提倡低碳出行,提高能源利用率能有效降低城市热岛效应(Ashie and Yamda et al.,1999,2000)。

然而城市土地资源有限,不能无限扩大水体和绿地的面积,其他措施却仅能被动控制热岛效应增量,无法主动降低城市热岛效应。因此,优化城市"蓝绿空间"布局使其冷岛效应最大化,对城市和居民具有更现实的意义。

2. 计算流体力学(Computational Fluid Dynamics,CFD)在城市热岛效应的模拟预测中的应用

近年来,随着计算机技术的发展,为城市热岛效应的模拟预测提供了可能。遥感技术具有:全面性、长期性、准确性等特点(田国量,2006);但其不

具备流场分析手段、不能进行优化设计。借助 CFD 模拟仿真技术可分析城市热环境状况,为城市规划服务。已有学者应用 CFD 模拟仿真技术对城市热环境进行模拟分析。如:应用人工智能与细胞元理论,开发了热岛模拟 CA 面板软件和热岛模拟预测系统,并对天津市缓解热岛规划进行研究,提出了五个规划对策(黄焕春,2014)。利用遥感影像和计算机模拟技术,发现北京楔形绿地降温作用达到 1 ℃—5 ℃(佟华等,2005);对新加坡公园及周边环境进行模拟分析,结果显示公园对周围环境的降温效果可达 1.3 ℃(Yu et al.,2006)。利用数值模拟技术研究城市热岛,结果显示 0.6 平方公里的公园能降低周围环境温度 1.5 ℃(Ca et al.,1998)。如果用灌木丛或草地来替代城市建设用地,该区域的气温可降低 1.6 ℃(Tong et al.,2005)。应用 CFD 模拟技术,探讨辽阳市绿地空间景观规划(Zhou et al.,2011)。对香港地区绿地冷岛效应研究的结果显示,绿地面积为 30% 时冷岛效应最强(Ng et al.,2012)。对日本京都市的热环境进行模拟,结果显示 CFD 技术能很好地模拟预测京都市的热环境状况(Takahashi et al.,2004)。学者应用 CFD 技术,对夏季校园绿化的冷岛效应进行模拟,校园内的绿地在夏季下午 3 点左右,能使周围环境温度降低 2.27 ℃(Srivanit et al.,2013)。

由此可知,CFD 仿真模拟技术在缓解城市热岛效应的模拟预测中得到了广泛应用,且取得丰硕的结果。

五、热环境对人体热舒适性影响的研究进展

人体舒适度是以人类机体与近地大气之间的热交换原理为基础,评价人体在不同气象环境中舒适感的一些重要指标(刘梅等,2002)。人体舒适度直接影响着各类人群的生活和健康(如感冒、中暑、心肌梗塞等),也可影响企业的生产效率和收益(Sookchaiya et al.,2010;Xiong et al.,2015)。本研究从研究内容和研究方法方面,综述了当前国内外关于人体舒适度的研究进展及发展动态。当前国内外学者在热环境对热舒适性的研究内容主

要集中在关于热舒适性评价指标的筛选及评价体系的构建等方面。在研究方法上通常采用现场实测法和数值模拟法探究影响热舒适性的因素及舒适区间范围。

1. 人体热舒适性评价研究

至今为止,至少有 162 种热舒适性指标(De Freitas et al.,2015)。当前常用的热舒适性的评价指标有:生理等效温度(PET)、通用热气候指数(UTCI)以及室外标准有效温度(OUT_SET*)。PET 是由迈耶(Mayer)等人提出,是一种稳态模型,表示在某特定的环境中的生理平衡温度与典型室内环境中由皮肤温度、核心温度,汗液蒸发率维持的人体能量收支与室外相同热状态对应的温度相一致(Mayer et al.,1987;Höppe et al.,1999)。该模型已被广泛应用于室外热舒适性研究中,它可将室外气候环境换算到基于生理等效的室内环境,然后进行计算(Taleghani et al.,2015;Wang et al.,2017;Sharmin et al.,2109)。热带城市热岛效应与热舒适度之间关系的研究结果显示,风速和建筑高度是降低 PET 指数的重要变量(Qaid et al.,2016);研究干旱沙漠气候条件下,天空视域因子和城市街道绿化对人体热舒适度的影响,结果显示,天空视域因子与 PET 呈显著正相关,即天空可视因子越大,PET 越高,热舒适性越差(Venhari et al.,2019)。UTCI 是基于体温调节的多节点模型,该模型考虑了环境温度、湿度、风速、热辐射等之间的相互作用,在参考环境下获得实验人员与真实环境生理反应一致的等效环境温度(Provençal et al.,2016;Li et al.,2020)。拉姆等(Lam et al.,2018)对比了香港和墨尔本两地居民夏季的 UTCI 的范围,研究结果显示与动态热感觉模型相比,香港居民中性至温暖的 UTCI 范围更高,墨尔本居民温暖和热感觉的 UTCI 更高,因此根据研究结果建议根据不同的气候区确定不同的 UTCI 尺度的热感觉阈值,以更好地预测不同城市人群的室外热舒适 OUT_SET* 是基于室外平均温度(OUT_MRT)与标准有效温度(SET*)模型建立(Dear and Pickup,2000)。该模型在考虑了辐射对人体热平衡作用的情况下,结合 SET* 模型发展而成,常用于室外热舒适性评价中。除上述三种模型外,室外热舒适模型(COMFA)及模糊-预测评价热感觉投票(fuzzy-PMV)等评价模型也常被用于室外环境的热舒适性评估(Hamdi et al.,1999;Kenny et al.,2009)。

国内学者对热舒适性也做了大量研究,除上述指标外,常用的指标还包括:在热环境中,常用热应力指数(HSI)、湿球黑球温度(WBGT)、在冷环境中常用风寒指数(WCI)、区域热感觉投票指数(TSV)等(Givoni,1976)。其中 HSI 指数适用于探查环境变量变化所带来的热舒适度影响(Belding and Hatch,1955),而 WBGT 常用于评估高温环境的热压力,并在改善高温环境对人体影响方面应用较多(许孟楠等,2014)。罗生洲等(2013)利用 WCI 研究西宁市年际及不同季节热舒适度的变化,研究结果显示西宁旅游舒适日在年际间呈增多的趋势。TSV 通过调查问卷形式统计分析居民对所处区域热舒适度的主观感受(陈金华等,2015;李坤明等,2017)。

2. 现场实测法

室外的热环境舒适度会直接影响人们的身心健康(Basu and Samet,2002;Omonijo,2017)。因此不少学者选择具有代表性的气候区域,开展室外热舒适性现场实测,以探讨不同气候区居民对热舒适性的感知、量化热舒适性区间范围及探寻影响热舒适性的影响因子,以期为提升人们热舒适度提供参考。如:对夏季香港市区居民的热舒适性调查研究的结果显示,夏季的 PET 值约为 28 ℃(Cheng et al.,2012)。对达卡地区实验者的热舒适性问卷调查及现场测试,研究结果得出该地区夏季室外热舒适度范围约在27.5 ℃—33 ℃之间(Khandaker,2003)。应用现场实测法对不同建筑格局的热舒适性的研究显示,绿化率较高的广场比教学楼 SET* 高 0.9 ℃(Xi et al.,2012)。采用调查问卷及现场测量的研究方法,对重庆市住宅区不同季节的热舒适性进行的研究显示,居民在夏季热舒适水平较高(陈金华等,2015)。通过 1 582 份有效调查问卷,对广州校园内的热舒适性进行的研究

显示,广州地区夏季室外中性温度为 23.9 ℃,SET* 上限温度为 28.54 ℃
(赵凌君,2016)。

　　3. 数值模拟法

　　随着计算机技术的不断发展,近些年,数值模拟的方法被广泛应用于热
舒适性的研究。应用 ENVI-met 模型对德国奥伯豪森热适应性的研究显
示,风速及植被覆盖度是影响 PET 的主要因素,风速越大,植被覆盖度越
高,降低 PET 值越显著(Muller et al.,2014)。学者利用 Rayman 模型对中
国台湾地区热舒适性进行模拟,结果显示 SVF 对 PET 具有显著影响,在夏
季,较高的 SVF 会降低人们的热舒适性,但冬季则相反(Hwang et al.,
2011)。应用 CFD 仿真模拟技术,对日本复杂建筑空间热舒适性进行模拟,
计算得到 SET* 对室外人行区域热舒适性的影响(Huang et al.,2005)。应
用 ENVI-met 模型,模拟上海市两个居住区不同建筑布局与热舒适性的定
量关系(王一等,2016)。应用 ENVI-met 模型对夏季校园内的热环境进行
数值模拟,研究结果显示植被和草坪具有明显的降温效应,无植被情况研究
区高温区(>36℃)面积增加 34%,表征人体热反应(冷热感)的评价指标
PMV>4.5 的面积增加 17%(张常旺等,2018)。

六、上海城市热环境研究进展

　　对上海市热环境的研究集中在城市扩展与热岛分布的关系、热岛强度
与季节的关系,以及热岛效应与居民健康的关系等方面。自 20 世纪 80 年
代开始,上海的热岛面积迅速扩大,从 1960 年到 1990 年 30 年间,上海热岛
面积增加了 700 多平方公里,平均温度增加了 0.9 ℃(周红妹等,2008)。丁
金才等(2002)等考察了上海盛夏期高温的空间分布,并讨论建成区面积、土
地利用类型、人口密度和人为热源等因素对上海市热岛范围和强度的影响。
在热岛季节性差异研究中:江田汉等(2004)等发现,上海全年各月热岛平均
强度以秋冬季较强,夏季较弱。漆梁波(2004)的研究表明,上海地区夏季平

均最高气温呈现平稳波动状态,但热岛强度呈上升趋势。日益增强的城市热岛效应,影响着城市生态系统物质和能量的交换,改变城市生态系统的结构和功能,同时还严重影响居民的健康。谭冠日(1994)的研究显示,夏季的高温现象对上海市居民健康的影响尤为强烈。综上所述,上海市热岛效应逐渐增强,热岛面积逐渐扩大,上海市夏季热岛效应加剧了高温热浪灾害的强度,这对居民的工作生活产生了极大的影响。因此,研究缓解夏季城市热岛效应的方法刻不容缓。

目前对上海城市热环境的研究主要存在以下几点不足。在研究内容上,对上海城市热岛效应的格局、特征及带来的影响等相关研究较为全面,但鲜见对上海市冷岛效应的相关研究;在研究方法上,多为定性研究,定量研究较少;在研究尺度上,主要在单一的宏观尺度上对城市热环境进行研究,缺乏多尺度的综合研究。

第三节 存在的问题与不足

城市热岛效应的基础性研究越来越多,研究手段越来越先进,而多数研究侧重描述热岛效应的现象和特征,专门针对减弱热岛效应方法的研究较少。对城市"蓝绿空间"冷岛效应的定量研究及结合城市规划理论,从"蓝绿空间"规划角度探讨缓解热岛效应的研究更少。该领域研究的主要问题有以下几点:

定量研究不足:国内外学者对城市"蓝绿空间"缓解城市热岛效应的研究多为定性研究,定量研究较少。

研究尺度单一:研究多针对单一尺度,缺乏多尺度的综合性研究。

研究不全面:研究多对城市"蓝绿空间"冷岛效应的单一影响因子进行讨论,缺乏多因子、全面的综合研究;"蓝绿空间"自身布局形式及其周围环境的空间配置也是影响冷岛效应的重要因素,该方面的研究较少。

理论基础薄弱:该领域偏重于地理学和气象学的基础理论研究,而以应用为导向,综合地理学、景观生态学、气象学与城市规划学等交叉学科的研究较少。

第四节　研究内容及目标

综上所述,本书着重探讨城市"蓝绿空间"的冷岛效应,并从"蓝绿空间"的面积、形状及内外部环境的景观格局配置等方面分析冷岛效应的影响因素。引入 CFD 仿真模拟技术,对不同形态的城市"蓝绿空间"进行模拟和评估,提出缓解城市热岛效应的城市"蓝绿空间"规划对策。具体的研究内容包括:

从宏观尺度分析 2000—2015 年间上海市地表温度的时空格局演变,了解研究区域热环境的整体状况及不同用地类型地表温度,为后续研究提供数据支持。

从微观尺度分析城市"蓝绿空间"冷岛效应的空间规律。包括:城市"蓝绿空间"对周围环境降温范围、降温梯度和降温幅度。总结城市"蓝绿空间"冷岛效应的规律,为城市"蓝绿空间"规划设计提供科学依据。

城市"蓝绿空间"冷岛效应的影响因素研究。应用数理统计分析法探究影响城市"蓝绿空间"的影响因素。影响因素主要包括:"蓝绿空间"自身形态和内部结构,及"蓝绿空间"外部环境的景观构成、景观布局等。

利用 CFD 模拟仿真技术,对不同形态的城市"蓝绿空间"冷岛效应进行对比研究,得出冷岛效应的作用规律,并提出缓解城市热岛的城市"蓝绿空间"规划对策。该研究可为城市规划、生态环境建设等理论和实践提供参考。

第二章
相关理论研究

第一节 大气边界层理论

　　大气边界层是地球-大气之间物质和能量交换的桥梁,是大气与下垫面之间相互交换,相互作用的特殊区域。不同下垫面(如:水体、植被、土壤、不透水面、沙漠等)有着不同的物理性质,对大气运动能造成不同的动力影响、不同的边界层状态。大气边界层受下垫面影响巨大,是其主要特点之一(赵鸣,2006)。人类活动及地表变化对气候的影响均通过大气边界层过程实现。人类的健康与大气环境密切相关,在城市中人口数量、机动车数量及能源消耗量的增加,可导致空气中温室气体、汽车尾气、二氧化硫(SO_2)、粉尘等大气污染物排放量增加,改变城市小气候,阻碍污染物扩散,造成大气环境质量恶化,危害人体健康(杨小波等,2006)。

　　奥克(Oke)首次提出了城市边界层和城市冠层的概念,城市边界层其范围为地面到边界层顶层,城市冠层是指从地面到建筑物顶层的范畴(王金星等,2002)。城市边界层受大气质量和屋顶热力动力影响较大,与城市冠层进行物流能流交换(见图2.1)。城市冠层受人类活动影响最大,与城市内部建筑物高度、密度、道路宽度、走向,城市规划布局、建筑铺装材料、城市绿化、城市微气候以及空气质量等因素有关(杨小波等,2006)。

由于人类活动的作用,使得城市内部形成了自己独特的小气候特征。城市热岛效应就是其中最典型的城市小气候特征之一。城市热岛效应会使得市区内部空气温度逐渐升高,热空气密度小,不断上升,在达到一定高度后,热空气逐渐冷却,向周围扩散后下沉(何晓凤等,2007)。大气边界层的运动最终影响大气环境,尤其是风环境(李鹃,2008)。

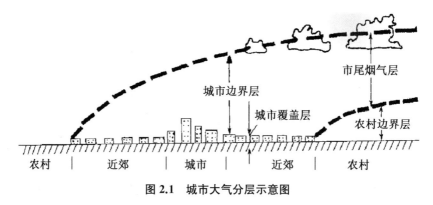

图 2.1 城市大气分层示意图

资料来源:杨小波、吴庆书、邹伟等:《城市生态学》,北京:科学出版社 2006 年版,第 125 页。

第二节　区　位　理　论

地理学中的空间是指经济活动和地理事物发生和发展的具体的环境空间或地理背景。点、线、面在地理空间中的区位、分布和联系方式构成地理区位中的空间格局(吴传钧等,1997;马国霞和甘国辉,2005)。区位理论是研究人类经济行为的空间区位选择及空间区域内经济活动优化组合的理论。

一、国内外区位理论研究进展

区位一词,起源于德语"standort",是区域经济最基本的概念之一。不同学者对区位的理解有所不同,有些学者认为区位仅是事物存在的空间位置,但有部分学者认为除此之外,还应包括商所内的活动行为。当前,被学者认可的区位定义为进行经济和社会活动等的空间位置(North,1995)。区位理论的核心目的是为寻求合理空间,即经济活动与空间区位选择的优化组合(刘树成等,1995)。自区位理论建立以来,先后经历了由古典到近现代、由微观到中宏观、由农业向工商业的演变。国外的区位理论经历了以下三个发展阶段:

1. 古典区位理论

古典区位理论最初由德国经济学家杜能(Johann von Thunen)于1826年提出的农业区位论发展而来,系统性的考虑农业生产问题,主张依据距离、运输等要素确定最佳配置点的农业区位理论(Mccarty and Isard,1958)。在第一次科技革命后,先后有学者尝试将农业区位理论应用于工商业区位的研究中。1909年,德国经济学家韦伯(Alfred Weber)提出了工业区位理论,并首次提出了"区位因素"的概念,对工业区位及聚集效应问题进行分析,探讨工业区位的移动规律(Smith,1966)。古典区位理论是在微观层面对区位进行研究,追求成本最低化。

2. 近代区位理论

随着城市化的迅速发展,1933年,德国经济地理学家克里塔斯勒(Walte Christaller)发现了区域中心地理位置的分布规律,提出了中心地理论。在中心地理论中,克里塔斯勒提出中心地空间分布应遵循三个原则,并以市场原则为中心(Berry and Garrison,1958)。

3. 现代区位理论

第二次世界大战后,人文地理与区域经济等领域的学者在解决区域重大问题时,逐渐形成了现代的区位理论。现代区位理论侧重于协调人与自然的关系,解决人类的社会矛盾,不再仅限于区域位置的研究(宋家泰和顾朝林,1988)。研究方法也开始注重动态的经济结构变化,不局限于静态的空间区位。现代区位理论被学者划分为许多学派,包括:以人为主体发展为理论核心的行为学派;以空间区位发展为理论核心的历史学派;以成本与市场关系为理论核心的成本-市场学派;以定量研究为理论核心的计量学派及以政府干预区域经济为理论核心的社会学派(樊福卓,2009)。

受产业经济学和西方经济学理论的影响,改革开放后,我国将区位理论应用于区域规划设计中。依据区域理论分析区域发展前景,研究区域土地利用类型的空间分布及经济空间布局等问题。区位理论解决了我国区域经济发展中的诸多问题,如:工厂的选址、城乡土地利用、商业网点设置、城市社会生产线及经济区域规划问题等。曾菊新等(2001)依据区位理论和空间经济学理论,提出"现代城乡网络发展模型"的区域布局模式;牛雄等(2007)提出"城市中心分移理论"等。区位理论对我国区域经济发展发挥了重要的作用。

二、生态区位理论研究进展

"生态区位"的概念是在区位理论的基础上发展而来,以生态学原理为指导,结合经济学、景观学、地理学、系统学、生态学方法研究生态规划问题。"生态区位"是指研究对象的空间分布、景观区位及综合生态服务功能的最优选择。生态区位论可对经济要素、生态单元和社会经济活动进行最优配置,有效的指导区域生态规划建设。生态区位理论被国内外学者广泛应用。特里索恩等(Trethowan et al.,2011)利用生态区位模型,研究南非地区外来物种潜在的入侵区域范围,并对其进行校准及指导控制。唐秀美等(2016)从生态学需求的郊区出发,对北京市的生态需求程度进行评价,划分北京市的生态区位。齐丹坤等(2014)基于生态区位系数对森林生态服务功能价值进行评估。

第三节　地表辐射能量平衡理论

太阳辐射是大气与地表交互过程的主要能量来源。地表辐射能量收支平衡是指地表接收的太阳辐射与同一时期从地表反射及辐射到太空的能量达到平衡。太阳发射的电磁波主要以波长为 $0.38~\mu m$—$0.76~\mu m$ 的短波辐射为主,电磁波到达大气层后,会被大气中的固体颗粒物、小水滴、云雾等物质吸收,再次反射回地表。太阳辐射穿过大气,到达地面的辐射通量为下行短波辐射。地表以短波辐射方式反射出去的辐射通量为上行短波辐射。上行辐射大小取决于反照率。地表吸收太阳辐射后会发出热辐射,以波长主要为 $3~\mu m$—$12~\mu m$ 的长波辐射。由地面以长波辐射形式向大气中发射的能量被称为上行长波辐射。由大气以长波辐射形式向地面输送的能力称之为下行长波辐射。依据能量守恒原理,地表接受的能量主要分为:土壤热通量、显热通量以及潜热通量,地表辐射能量平衡方程式为:

$$R_n = R_{Sd} - R_{Su} + R_{Ld} - R_{Lu} \tag{2-1}$$

式中,R_n 为净太阳辐射通量;R_{Sd} 为下行短波辐射;R_{Su} 为上行短波辐射;R_{Ld} 为下行长波辐射;R_{Lu} 为上行长波辐射。

根据斯特藩-玻尔兹曼(Stefan-Boltzmann)定律,某物体单位时间、单位面积发出的能量,由地表温度(LST)、地表状况和地表材料所决定,表达式为:

$$R_{Lu} = \varepsilon_s \sigma T_s^4 \tag{2-2}$$

式中,ε_s 为大气比辐射率;σ 为 Stefan-Boltzmann 定律常数,T_s 为地表辐射温度。因此,R_n 的表达式为:

$$R_n = (1-\alpha) R_{Sd} + \varepsilon_a R_{Ld} - \varepsilon_a \alpha T_s^4 \tag{2-3}$$

式中,ε_a 为大气比辐射率;α 为地表反照率;LST 和地表发射率(LSE)共同决定 R_{Lu},反照率(α)决定 R_{Su}。

地表的净太阳辐射可以分解为土壤热通量(G)、潜热通量(LE)和显热通量(H)。其关系表达式为:

$$R_n = LE + H + G \qquad\qquad (2\text{-}4)$$

显热通量为:

$$H = \rho C_p (T_s - T_a)/r_{ae}$$

式中,ρ 为空气密度(kg/m^3);C_p 为定压比热[$J/(kg.K)$];T_s 为地面温度(K);T_a 为近地面大气温度(K);r_{ae} 为空气动力学阻力(s/m)。

潜热通量为:

$$\lambda E = (\rho C_p / \gamma)(e_s - e_a)/\gamma_{ae} \qquad\qquad (2\text{-}5)$$

式中,γ 为温湿常量;e_s 为饱和蒸气压;γ_{ae} 为辐射计指示压;e_a 为冠层上方空气的气压。

根据上述公式可知,地表的材质性能和周围环境会对 LST 产生较大的影响。

第四节　城市开放空间规划理论

城市开放空间规划理论起源于 1964 年伦敦会议发起的开放空间使用调查,调查结果显示:公众偏好两种类型的公共空间,一种是距离较近的小型公园,另一种是距离较远的大型公园。对于距离较近的小型公园,公众通常游览时间较短,但访问次数较多;对于距离较远的大型公园,公众通常游览时间较长,但访问次数较少。根据此项报告,政府制定了大伦敦发展规划:由多种规模绿色空间组成的、存在显著等级配置关系的绿色空间体系(Cavanagh et al.,2009)。在规划中指出,依据指导性规模和适宜的间距可将绿色空间划分为:口袋公园、小型开放空间、社区公园、区级公园、市级公园和区域公园。不同面积等级的开放空间所承载的服务功能具有显著差异,市级公园、区域公园等大型开放空间为人们提供休闲、娱乐、文化、景观、生态及绿色基础设施效益的功能,口袋公园、小型开放空间和社区公园为居民提供社区服务的功能。

第五节　景观生态学相关理论

依据景观生态学原理可知,景观结构要素包括:斑块、基质、廊道(Chen et al.,2006)。在人口稠密,城市化水平较高的地区,"蓝绿空间"斑块常成破碎化特征。而且随着城市化进程的加快,使得"蓝绿空间"斑块数量减少,面积缩小,导致许多物种的生境数量减少,进而使得生境内的生物多样性减少。构建生态廊道网络,如:带状绿地或河流,使各类"蓝绿空间"斑块相连接,为动植物的迁移提供路径,使得各类物种可进行自然的基因交换,维持生物的多样性。同时,廊道对城市内的能量流、生物流、物质流均具有重要的影响(刘明欣,2009)。

第三章
研究方法与技术路线

第一节　研究区概况

一、地理位置

上海市位于东经 120°51'-122°12' 和北纬 30°40'-31°53',地处长江三角洲东沿,中国南北海岸的中心点。东临东海,北界长江,南临杭州湾,地理位置优越,交通便利;全市辖 16 个区,总面积约为 6 340.5 km²,南北长约120 km,东西宽约 100 km。

二、地质地貌

上海市地处我国沿海中部,位于长江三角洲东南部前缘部位,在全新世海侵旋回和构造沉降的背景下,经长江和波潮流的共同作用,形成了全区坦荡平原。从沉积相分析,可将上海地区划分为三角洲平原、三角洲前缘、前三角洲、潮坪、滨海平原和湖沼平原六大单元,并按照地貌类型组合特征,将本区划分为河口三角洲、西部沼泽平原、东部滨海平原三个地貌区(许世远等,1986)。上海境内除西南部有少数丘陵山脉外,整体地势为坦荡低平的平原,平均海拔 4 m 左右,陆地地势呈由东向西倾斜,以西部淀山湖一带地势最低;大金山岛为全境最高点,海拔高度 103.4 m。

三、土壤概况

上海市位于长江三角洲的前缘,长江携带的大量泥沙形成江海相成土母质,在其上发育起石灰性平原土壤;黄棕壤属上海地区的地带性土壤,但其在上海土壤中所占比例极小,只分布于冲积平原的剥落残丘,如佘山、诸峰和金山三岛上;自然土壤和农业土壤多数中性偏碱,土壤有机质含量不高(王祖德等,1996)。

四、气候概况

上海属东亚副热带季风气候区,四季分明,温和湿润,雨量充沛。秋冬季盛行西北风,干燥寒冷;春夏季盛行东南风,暖热湿润;春季平均风速最大,秋季风速最小。据统计资料显示,上海市四个季节的划分依据:春季4—5月、夏季6—9月、秋季10—11月,冬季12月—次年3月;多年平均气温15.2—15.7 ℃,最冷月(1月)平均气温4.8 ℃,最热月(7月)平均气温28.6 ℃;多年平均降雨量1 097.3 mm,平均日照时数1 493.8 小时,无霜期269 天(上海市统计局,2016)。

五、水文概况

上海处于太湖流域东缘,河湖众多,水网分布密集,境内水域面积约为697 km²,相当于全市总面积的11%。上海市河网大多数属于黄浦江水系,主要的河流有黄浦江、苏州河、淀浦河、川扬河、大治河、斜塘、圆泄泾、大泖港、太浦河等。其中黄浦江贯穿整个城市,并将市区分为浦东和浦西两大区域。据2011年,上海市第二次水资源普查报告显示,全市共26 603 条河道,河道总长25 348.48 km,总面积527.84 km²,河道面积527.84 km²,河网密度4.00 km/km²;各类湖泊共计692 个,湖泊面积91.36 km²;天然湖泊集中在与江、浙的西部洼地,最大的湖泊为淀山湖,面积约62 km²(刘晓涛,2013)。根据附录2可知,上海市河湖主要分布在郊区,中心城区,河湖分布少,仅为全市域总面积的 2.60%。

六、植被概况

根据上海自然植被的基本特征,可将上海划分为 2 个植被地带:中亚热带常绿阔叶林带和北亚热带常绿、落叶混交林带。但由于受到人类活动影响,境内天然植被残剩不多,大部分是人工栽培作物和林木。天然的木本植物群落,仅分布于大金山岛和佘山等局部地区,天然的草本植物群落分布在沙洲、滩地和港汊。大多数低山丘植被为次生林和人工林,西部的低洼地带为水生沼泽植物,滨海新围垦区,主要植被为沙生和盐生植物。

根据图 3.1 可知,自 2000 年以来,上海市绿化进入了快速发展时期,在政府强有力的措施下,城市绿化面积(除其他绿地外)由 2000 年的 12 601 公顷,增加到 2015 年的 44 631 公顷,人均绿化率达 38.5%。绿地系统的布局形式由 1994 年《上海市绿化系统规划(1994—2010)》提出的"一心两翼、三环十线、五楔九组、星罗棋布"提升为 2002 年的"环、楔、廊、园、林"绿地系统布局形式,初步形成城郊一体、结构合理、生态功能完善的城市绿色生态系统(张浪,2007)。

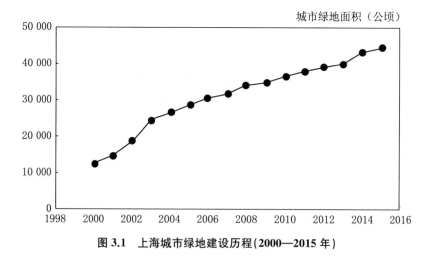

图 3.1　上海城市绿地建设历程(2000—2015 年)

资料来源:根据上海市统计年鉴绘制。

七、社会经济概况

　　根据《上海市统计年鉴》数据显示,20 世纪 90 年代以来,上海国民经济一直持续快速稳定增长,至 2015 年上海市国内生产总值为 25 123.45 亿元,比 2004 年增长 70.3%,人均国内生产总值为 15 968 美元,相当于发达国家水平,是全国重要的经济中心。上海不断优化产业结构,高科技产业和现代服务业加速发展,至 2015 年,第二产业生产总值达到 7 991 亿元;第三产业生产总值达到 17 022.63 亿元。

　　上海市人口规模不断扩大,农业人口迅速转化为城镇人口,新增大量户籍人口。到 2015 年末,上海市户籍人口 1 442.97 万人,常住人口 2 415.2 万人,与 2005 年 1 778 万人的常住人口相比,常住人口增加 627.2 万人,已成为中国人口最多、规模最大的城市。

第二节　上海城市"蓝绿空间"现状

　　根据表 3.1 可知,当前上海市城市绿地(林地＋草地)面积从 2000 年后,逐渐开始增加。而城市水体面积在 1990—2018 年间一直呈减少趋势。而根据表 3.2 可知,上海市人均"蓝绿空间"面积在 1990—2018 年间,呈现减少趋势。

表 3.1　上海市各年份用地类型面积(单位:km²)

省　份	年　份	农业用地	林　地	草　地	水　体	建设用地	未利用地
	1990	4 994.42	111.67	49.26	550.34	1 102.91	0.00
	1995	4 759.58	112.64	17.61	564.39	1 335.75	0.00
	2000	4 580.26	110.73	18.36	582.92	1 415.80	0.14
上海市	2005	4 260.31	118.28	24.82	489.07	1 822.27	0.14
	2010	3 944.30	112.59	24.60	486.16	2 149.66	0.14
	2015	3 919.02	102.48	20.69	445.88	2 202.08	0.00
	2018	3 856.21	114.36	19.64	437.26	2 290.10	0.00

根据上述数据可知,由于上海市城市化进程速度过快,人口数量激增,导致城市"蓝绿空间"出现一系列问题,主要问题包括:人均面积不足、水体面积被大量侵蚀、空间分布不均、破碎化程度严重等问题。

表 3.2   上海市各年份人均"蓝绿空间"面积(m^2/人)

年份	绿地面积(km^2)	水体面积(km^2)	人口数量	人均"蓝绿空间"面积(m^2/人)
1990	160.93	550.34	13 340 000	5.33
1995	130.25	564.39	14 150 000	4.91
2000	129.09	582.92	16 740 000	4.25
2005	143.1	489.07	17 780 000	3.56
2010	137.19	486.16	23 030 000	2.71
2015	123.17	445.88	24 150 000	2.35
2018	134	437.26	24 240 000	2.35

一、上海市绿化现状

由于上海市中心城区用地空间有限,因此中心城区绿化覆盖率相对郊区较差(表 3.3),绿地布局有待优化。此外,现有公园绿地覆盖范围难以达到《上海市城市总体规划2017—2035》提出的到 2020 年和 2035 年公共开放空间(400 平方米以上的公园和广场)的 5 分钟步行可达覆盖率分别达到≥70% 和 90% 的目标。

表 3.3   上海市各区公共绿化情况

全 市		中心城区	
城 区	绿化覆盖率(%)	城 区	绿化覆盖率(%)
宝山区	43.00	长宁区	32.45
闵行区	41.00	徐汇区	30.20
青浦区	41.00	普陀区	28.01
嘉定区	38.50	杨浦区(2016)	25.42

续　表

全　　市		中心城区	
城　　区	绿化覆盖率(%)	城　　区	绿化覆盖率(%)
金山区	37.00	静安区	24.24
浦东新区(2016)	36.00	虹口区(2015)	19.50
长宁区	32.45	黄浦区	18.20
松江区(2016)	31.80		
奉贤区	31.00		
徐汇区	30.20		
普陀区	28.01		
杨浦区(2016)	25.42		
静安区	24.24		
虹口区(2015)	19.50		
黄浦区	18.20		
全市平均	31.82	全市平均	25.43

注:(1)除标注为2015、2016年的城区以外,其余城区绿化覆盖率数据均为2017年数据;

(2)崇明区主要统计森林覆盖率数据,故缺乏崇明区绿化覆盖率数据。

资料来源:各城区国民经济和社会发展统计公报。

二、上海市水环境现状

在城市水环境质量方面:总体有所改善,但部分区域水环境质量及管理有待提升。根据表3.4可知,相较于2015年9月,上海市水环境质量总体有所改善。在71个断面中,劣五类水质由2015年的25个断面减少到2018年的18个断面。从污染物和污染源来看,上海市主要超标指标为溶解氧、氨氮、总磷,主要污染物来源为生活污水及雨水。从主要污染区域来看,水质不达标的考断面主要位于中心城区,未来有待于通过提升改造污水处理厂处理效率、推进雨污分流改造和污水管网完善、加强生态河道治理、推进海绵城市建设等措施来提升水环境质量。

表 3.4   上海市地表水环境质量监测

序号	河流名称	断面名称	2018 年 9 月水质类别	2018 年 9 月主要污染指标	2015 年 9 月水质类别	2015 年 9 月主要污染指标
1	长江	浏河	Ⅱ	—	—	—
	长江	朝阳农场	Ⅱ		Ⅲ	
	长江	陈行水库	Ⅱ		Ⅳ	
	长江	青草沙	Ⅱ		Ⅲ	
2	黄浦江	淀峰	Ⅲ		Ⅲ	
	黄浦江	临江	Ⅳ		Ⅴ＋	溶解氧
	黄浦江	松浦大桥	Ⅳ		Ⅴ	
	黄浦江	闵行西界	Ⅳ		Ⅴ	
	黄浦江	杨浦大桥	Ⅳ		Ⅳ	
	黄浦江	吴淞口	Ⅴ		Ⅳ	
3	苏州河	赵屯	Ⅳ		Ⅴ	
	苏州河	北新泾桥	Ⅳ		Ⅴ	
	苏州河	浙江路桥	Ⅴ＋	溶解氧	Ⅳ	
4	淀山湖	急水港桥	Ⅴ＋	总氮	Ⅴ	
	淀山湖	四号航标	Ⅴ＋	总氮	Ⅴ＋	总氮
5	油墩港	318 国道桥	Ⅳ		Ⅴ	
6	大治河	三鲁路桥	Ⅳ		Ⅳ	
	大治河	二团	Ⅳ		Ⅴ	
7	沙泾港	车站北路桥	Ⅴ＋	溶解氧	Ⅴ＋	溶解氧
8	蕴藻浜	塘桥	Ⅳ		Ⅴ＋	氨氮、溶解氧
	蕴藻浜	大桥头	Ⅴ		Ⅳ	
9	大蒸港	漕芳泾桥	Ⅳ		Ⅳ	
	大蒸港	和尚泾桥	Ⅳ		Ⅳ	
10	园泄泾	斜塘口	Ⅳ		Ⅳ	
11	张家塘	植物园	Ⅴ＋	总磷	Ⅴ＋	溶解氧
12	桃浦河	曹安路	Ⅴ＋	溶解氧	Ⅴ＋	氨氮、溶解氧
13	木渎港	染化七厂	—	—	Ⅳ	

序号	河流名称	断面名称	2018年9月水质类别	2018年9月主要污染指标	2015年9月水质类别	2015年9月主要污染指标
14	西泗塘	长江路桥	V		IV	
15	俞泾浦	嘉兴路桥	V＋	溶解氧	V＋	溶解氧
16	虹口港	辽宁路桥	V		V	
17	漕河泾港	康健园	V＋	氨氮、总磷	V＋	氨氮
18	龙华港	混凝土制品二厂	V＋	氨氮、总磷	V＋	氨氮、总磷
19	杨浦港	控江路桥	V＋	溶解氧	V＋	溶解氧
20	新泾港	虹桥路桥	V		V	
21	新槎浦	桃浦路桥	V＋	溶解氧	V＋	氨氮、溶解氧
22	川杨河	北蔡	IV		IV	
	川杨河	三甲港	IV		V	
23	东茭泾	共康路	V＋	氨氮	V＋	氨氮、五日生化需氧量
24	彭越浦	汶水路桥	V＋	溶解氧	V	
25	叶榭塘	叶榭	IV		IV	
26	龙泉港	山阳镇	V		V	
27	蒲汇塘	漕宝路	V＋	溶解氧	V＋	氨氮、溶解氧
28	赵家沟	东沟闸	IV		V＋	溶解氧
29	新练祁河	蕴川路桥	III		V＋	溶解氧
	新练祁河	曹王	IV		V＋	溶解氧
30	金汇港	金汇	IV		V	
	金汇港	钱桥	V		V＋	溶解氧
31	虬江	翔殷路桥	V＋	溶解氧	V＋	溶解氧
32	胥浦塘	东新镇轮渡	IV		V＋	溶解氧
33	掘石港	金山大桥	V＋	总磷	IV	
34	大泖港	横潦泾	IV		V	

续 表

序号	河流名称	断面名称	2018年9月水质类别	2018年9月主要污染指标	2015年9月水质类别	2015年9月主要污染指标
35	淀浦河	南港大桥	III		IV	
	淀浦河	沪松公路桥	V＋	溶解氧	V＋	氨氮、溶解氧
36	潘泾	月罗路桥	IV		V＋	溶解氧
37	浦东运河	城厢镇	V		V＋	溶解氧
	浦东运河	人民路桥	V		V＋	溶解氧
38	浦南运河	南桥	IV		V＋	总磷、溶解氧
	浦南运河	奉城	V		V＋	氨氮、溶解氧
39	太浦河	丁栅大桥	IV		III	
	太浦河	太浦河桥	IV		IV	
	北横引河	白港西桥	III		III	
	北横引河	东平大桥	III		III	
40	北横引河	七效港西桥	III		III	
	北横引河	前卫村桥	IV		III	
	北横引河	直河交汇口	III		III	
	南横引河	堡镇	III		II	
	南横引河	鼓浪屿桥	III		III	
41	南横引河	三沙洪交汇口	II		II	
	南横引河	五效	III		III	
	南横引河	新河港交汇口	III		III	

资料来源:上海市生态环境局,http://www.sepb.gov.cn/fa/cms/shhj//shhj2143/shhj2149/2018/10/100690.htm。

根据上述统计数据可知,当前上海市"蓝绿空间"总体质量良好,但是分布不均、破碎化严重、部分区域总量不足。水体环境质量有所改善,但部分区域污染仍较为严重,影响其发挥生态及景观效应。因此应加强管理与治理,使其早日发挥较好的环境生态效应。

第三节　研　究　方　法

特大型城市"蓝绿空间"冷岛效应及其影响因素研究是一个综合性研究命题,涉及景观生态学、环境科学、气象学、地理信息系统以及城市规划学等多学科领域。本书采用遥感分析法、GIS空间分析技术、景观格局定量分析技术、数理统计分析及CFD仿真模拟技术等研究方法,在收集大量文献资料、数据资料和实地调研的基础上,综合分析城市"蓝绿空间"冷岛效应及其影响因素。

一、遥感分析法

随着遥感技术的快速发展,遥感影像资料作为城市内部环境指标的重要数据来源,使人们可以从更广阔的视角对城市生态环境进行研究。岳文泽(2005)研究表明Landsat遥感影像对研究城市热环境、不透水面、绿色空间等生态环境指标的时空变化具有相对适合的尺度。再辅以更高分辨率的Google Earth卫星航片影像,使得利用遥感数据从不同空间尺度研究城市内部生态环境成为现实。本书综合应用不同时相和不同空间分辨率的遥感影像(包括:Google Earth、Landsat TM、ETM+、OLI/TIRS),对上海市用地类型划分、城市"蓝绿空间"定量计算、城市地表温度反演、景观要素提取等进行计算分析。

二、GIS空间分析法

应用GIS空间分析技术对生态学数据进行获取、分析是研究多尺度景观生态学的主要技术手段。GIS在空间模型和定位立地分析方面具有显著优势。本书利用GIS的空间分析模块,获取城市"蓝绿空间"与其周围环境地表温度的定量关系,并以此分析城市"蓝绿空间"冷岛效应的基本特征。

三、景观格局分析法

景观格局是景观生态学的核心内容,已有成熟的景观格局指数对景观格局状态进行描述,也有较成熟的景观格局计算软件(Fragastats)从斑块水平、类型水平和景观水平三个层次对景观格局进行定量描述。本书利用景观格局的分析软件 Fragstats 4.2,并在 RS、GIS 技术的辅助下,分析上海市地表温度及城市"蓝绿空间"与周边环境景观要素的关系,获得影响地表温度及城市"蓝绿空间"冷岛效应的景观格局指数,并对其机制进行探讨。

四、数理统计分析法

本书通过 Pearson 相关性分析法得到城市"蓝绿空间"冷岛效应与影响因子之间的定性关系和各影响因子之间的相关关系,剔除相关性显著的因子后,再通过多元回归分析的方法获得城市"蓝绿空间"冷岛效应与各影响因子间的定量关系,上述研究均在 SPSS19.0 统计软件中完成。

五、CFD 仿真模拟技术

CFD 技术是通过计算机数值计算和图像显示,对包含有热传导和流体流动等相关物理现象的分析(王翠云,2008)。近年来,随着计算机技术和数值计算技术的高速发展,CFD 技术得到巨大提升,在热辐射、自然对流、大气扩散、风环境等多个方面得到广泛应用(侯翠萍,2007)。相比现场实验测量方法,CFD 具有成本低、速度快且可模拟不同工况等优点,故受到研究学者的青睐。本书基于 CFD 仿真技术的对不同形式的城市"蓝绿空间"及中心城区的热环境状况进行模拟,进而得出缓解城市热岛效应的城市"蓝绿空间"景观规划策略。

第四节 技 术 路 线

本书的研究路线如图 3.2 所示。

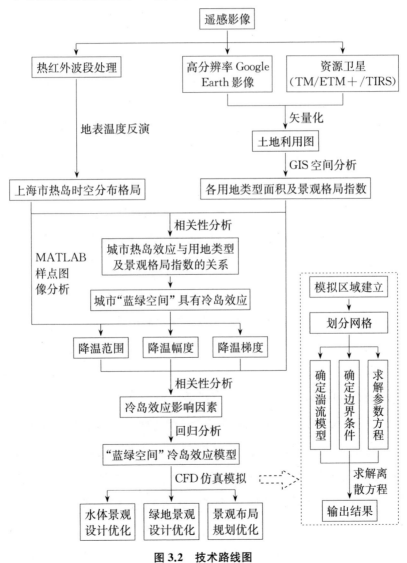

图 3.2 技术路线图

第四章
城市地表温度时空格局及其影响因素

第一节　前　　言

　　上海是我国城市化程度最高的城市之一,近二十年市区范围逐年扩大,城区内部建筑密度剧增,下垫面性质改变。人工地表对太阳辐射的吸收能力远小于自然地表,导致城市内部地表温度升高,热岛效应问题突出。城市热岛效应在改变城市气候、影响城市生态环境、增加城市能源消耗等方面具有重要影响(Arnfield, 2003; Grimmond, 2006; Masson, 2006)。研究城市热岛的时空分布格局及其影响因素可为城市热岛效应的预测和治理提供重要的参考依据。

　　上海市热岛效应时空格局方面的研究较多,主要包括:应用气象站点数据对昼夜热岛效应的空间格局探讨(束炯等,2000;朱家其等,2006);应用历史气象站点数据或遥感数据对四季热岛效应的时空格局进行研究(Zhang et al., 2010;戴晓燕等,2009;张艳等,2012)。研究结果显示上海市秋冬季热岛效应比春夏季明显,夜间比白天热岛效应更为明显,如:基于气象站数据对上海四季的热岛效应的研究表明,上海市热岛效应具有明显的季节变化特征,秋冬季热岛强度较强,夏季热岛强度较弱,白天热岛强度弱于夜间(闫峰等,2007)。专门针对上海市夏季城市热岛效应的研究相对较少,而盛夏高温天气却是上海地区的重要气象灾害(丁金才等,2002;漆梁波,2004;

Yang et al.，2010)。自 20 世纪 90 年代以来,上海地区的夏季高温呈显著加强趋势(Shu et al.，1997;丁金才等,2002),对于这种趋势,除气候变暖因素外,城市化导致的夏季热岛效应增强也是一大原因(程蕊,2009;秦俊,2014)。所以研究夏季热岛效应的时空分布格局,并深入分析导致热岛强度变化的原因,对提出相应的缓解高温酷暑策略具有重要意义。

前人的研究表明,城市热岛效应的主要成因除气象条件、人为热源释放和大气污染外,下垫面覆盖类型变化是最重要的因素(彭保发等,2013;Du et al.，2016)。因而城市热岛效应与地表覆被类型间关系的研究受到广泛关注(彭保发等,2013;谢启姣,2011)。岳文泽等(2007)的研究结果显示:植被覆盖比例(FV)和不透水面比例(ISA)都与地表温度(LST)有很强的相关性,FV 和 ISA 能很好地解释区域尺度 LST 的分布格局(Li et al.，2011;刘文渊等,2012)。唐曦等(2008)通过研究上海市热岛效应与植被的关系发现:归一化差分植被指数(NDVI)与地表温度间呈显著负相关关系。冯晓刚(2011)研究了西安市地表覆盖类型与地表温度间的关系,结果表明:西安市夏季 LST 与 NDVI 呈显著负相关关系,与归一化裸露指数(NDBI)呈正相关关系,与水体指数(NDWI)呈典型的负相关关系。

景观生态学的发展给城市热岛研究带来了新思路。由于景观格局指数能够从斑块、类型和景观三个层次对热岛格局进行更全面的描述,因此其在城市热岛研究中得到了广泛应用(陈利顶等,2008;陈云浩等,2002)。陈云浩等(2002)等采用转移矩阵法对上海市多时相热力景观转移概率进行了计算,分析了热力景观的动态变化和组分转移过程;岳文泽等(2005)对上海市景观格局的空间尺度进行了分析,揭示了景观格局具有尺度依赖性规律。

本章以上海市为研究对象,选取夏季晴朗无云成像质量良好的 Landsat 遥感影像(2000 年、2004 年、2007 年和 2015 年 4 景夏季 Landsat 遥感影像),从时间和空间的角度定量研究上海市近 15 年来夏季城市热岛的分布格局,并分析地表温度与下垫面的关系,为更加了解上海市热岛效应的变化格局和特点,更有针对性的制定缓解热岛策略提供参考依据。

第二节 数据来源与处理

一、数据来源

本章的数据来源包括:

遥感数据,包括:2000 年、2004 年、2007 年和 2015 年共 4 期夏季(7、8月)的 Landsat 5/TM、Landsat 7/ETM+和 Landsat 8 遥感影像(相关信息见表 4.1);2000 年、2004 年、2007 年和 2015 年上海市高分辨率的 Google Earth 影像;上海市行政区矢量图。

基于 2000 年、2004 年、2007 年和 2015 年上海市卫星遥感影像和高分辨率的 Google Earth 影像,经遥感影像的监督分类和人工目视解译修正,获得较为准确的上海市四个年份的土地利用分类数据。

上海市气象站数据:反演当天的上海市 10 个气象站的日温度数据。

表 4.1 遥感影像数据源信息

卫星、传感器	轨道号	获取时间	成像质量
Landsat-7 ETM+	118/38、118/39	2000.08.01	无云良好
Landsat-5 TM	118/38、118/39	2004.07.19	无云良好
Landsat-5 TM	118/38、118/39	2007.07.28	无云良好
Landsat-8 OLI/TIRS	118/38、118/39	2015.08.03	无云良好

影像来源:http://glovis.usgs.gov/。

二、地表温度反演

1. 地表温度反演方法

利用 Landsat 数据的热红外波段进行地表温度反演的主要算法有:辐

射传输方程法(丁凤等,2006；Sobrino et al.,2004)、单窗算法(Qin et al.,2001)和单通道算法(Jimenez-munoz,2003)。

(1) 辐射传输方程法。

辐射传输方程法(Radiative Transfer Equation,RTE),又称大气校正法。该方法利用与卫星过境时间同步的实测大气数据估算大气对地表热辐射的影响,从卫星传感器观测到的热辐射总量减去上述大气影响,得到地表热辐射强度,最后通过以下公式把该热辐射强度转换为地表温度:

$$L_{sensor,i} = \tau_i \varepsilon_i B(T_s) + (1-\varepsilon_i)\tau_i L_{atm,i}\downarrow + L_{atm,i}\uparrow \qquad (4\text{-}1)$$

$$B(T_s) = \frac{C_1}{\lambda^5(\mathrm{e}^{(C_2/\lambda T_s)}-1)} \qquad (4\text{-}2)$$

式(4-1)为大气辐射传输方程,其中 $L_{sensor,i}$ 是卫星传感器在 i 波段测得的辐射强度值($\mathrm{W \cdot m^{-2} \cdot sr^{-1} \cdot \mu m^{-1}}$),可根据原始卫星图像的灰度值获得,如式(4-3)所示。

$$L_{sensor,i} = \mathrm{gain} \cdot QCAL + offset \qquad (4\text{-}3)$$

其中 $QCAL$ 是图像灰度值,gain 和 $offset$ 分别是在 i 波段的增益值和偏移值。Landsat 5/TM、Landsat 7/ETM+的 gain 和 $offset$ 值可直接从影像的头文件中读取；Landsat-8 的两个热红外波段的 gain 和 $offset$ 相同,分别为 0.000 334 2 和 0.1。

式(4-2)中 $B(T_s)$ 是由 Plank 辐射函数推出的黑体辐射强度,c_1 和 c_2 为辐射常数,分别为 $1.191\ 043\ 56 \times 10^8\ \mathrm{W \cdot m^{-2} \cdot sr^{-1} \cdot \mu m^4}$ 和 $1.438\ 768\ 5 \times 10^4\ \mu mK$；$\lambda$ 为波长(μm)。可以把式(4-2)转换成式(4-4),

$$T_s = \frac{K_2}{\ln(1+K_1/B(T_s))} \qquad (4\text{-}4)$$

其中 K_1($\mathrm{mW \cdot m^{-2} \cdot sr^{-1} \cdot \mu m^{-1}}$)和 K_2(K)为发射前预设的常量,对于 Landsat 5/TM、Landsat 7/ETM+和 Landsat 8 的 TIRS 数据,K_1 和 K_2

的值见表 4.2:

表 4.2 K_1 和 K_2 值

	TIRS 1	TIRS 2	TM	ETM+
K_1	774.89	480.89	607.66	666.09
K_2	1 321.08	1 201.14	1 260.56	1 282.7

虽然该算法计算过程较为复杂,但反演精度较为准确,精度达 0.6 ℃ (Sobrino et al., 2004)。但是其反演结果的好坏取决于大气轮廓线数据,而该数据较难获取或估算,所以该方法在实际应用中较为有限。

(2) 单窗算法。

单窗算法(Mono-window Algorithm)是覃志豪等人基于热传导方程推倒得出。该模型假定大气平均温度、地表辐射率和大气透射率三个参数已知,算法模型为:

$$T_s = \{a(1-C-D) + [b(1-C-D) + C + D]T_b - DT_a\}/C \quad (4-5)$$

式中:T_s 为地表温度,T_a 为大气平均温度(K),T_b 为行星亮度温度(K),C、D 为地表比辐射率和大气透过率函数:

$$C = \varepsilon \times \tau \quad (4-6)$$

$$D = (1-\varepsilon)[1 + (1-\varepsilon)\tau] \quad (4-7)$$

式中:ε 为地表比辐射率,τ 为大气透过率。

该算法计算过程简单,且去除了大气模拟误差的影响。但是大气透射率和大气平均温度等参数较难获取,因此该算法在实际应用中也受到了制约。

(3) 单通道算法。

单通道算法(Single-channel Method)是可仅依靠一个热波段来反演地表温度的算法。算法模型如式(4-8)所示。

$$T_s = \gamma \left[(\psi_1 \cdot L_{senor} + \psi_2)/\varepsilon + \psi_3 \right] + \sigma \tag{4-8}$$

式中，T_s 是陆地表面温度，L_{senor} 是卫星高度上遥感传感器测得的辐射强度（$\text{W} \cdot \text{m}^{-2} \cdot \text{sr}^{-1} \cdot \mu\text{m}^{-1}$）；$\varepsilon$ 是地表发射率；γ，σ，ψ_1，ψ_2，ψ_3 是中间变量，分别由下公式计算：

$$\gamma = 1 \Big/ \left[\frac{C_2 L_{senor}}{T_{senor}^2} \left(\frac{\lambda^4}{C_1} L_{senor} + \frac{1}{\lambda} \right) \right] \tag{4-9}$$

$$\sigma = T_{senor} - \gamma \cdot L_{senor} \tag{4-10}$$

$$\psi_1 = 0.147\,14w^2 - 0.155\,83w + 1.123\,4 \tag{4-11}$$

$$\psi_2 = -1.183\,6w^2 - 0.376\,07w - 0.528\,94 \tag{4-12}$$

$$\psi_3 = 0.045\,54w^2 + 1.871\,9w - 0.390\,71 \tag{4-13}$$

其中 C_1，C_2 是 Plank 函数常量；T_{senor} 是卫星传感器探测到的像元亮度温度，单位为 K；λ 是有效作用波长；w 是大气剖面总水汽含量（g.cm^{-2}）。

该算法操作过程简单，但受大气水汽含量影响较大。丁凤等（2007）发现大气水汽含量越高该算法精度越低，上海市夏季大气水汽含量大，不适合用该模型来反演地表温度。

综上所述，本书选用辐射传输方程法反演上海市地表温度。首先应用 ENVI5.1 软件对原始卫星影像进行预处理，具体包括辐射定标、大气校正、拼接和裁剪等。由于 Landsat 5 和 Landsat 7 的热红外波段为第 6 波段，空间分辨率为 60 m，Landsat 8 的热红外波段为第 11 波段，空间分辨率为 100 m，为使两者空间分辨率统一，故将 60 m 分辨率的热红外波段进行重采样，使之分辨率为 100 m。大气校正是根据辐射传输方程编制的大气校正软件 6S 模型来模拟大气辐射过程，估算出大气下行辐射 $L_{atm,\,i}\downarrow$、大气上行辐射 $L_{atm,\,i}\uparrow$ 和大气透过率 τ。其中大气数据的获取方式为：将卫星过境时气象站实时采集的地面空气气压、相对湿度和温度等信息输入 http://atm-corr.gsfc.nasa.gov/网站，得出所需的标本大气剖面数据。然后结合地表比

辐射率 ε,利用式(4-1)求出 $B(T_s)$。最后将求得的 $B(T_s)$ 代入式(4-4)中求出地表温度 T_s,反演结果如图 4.1 所示。

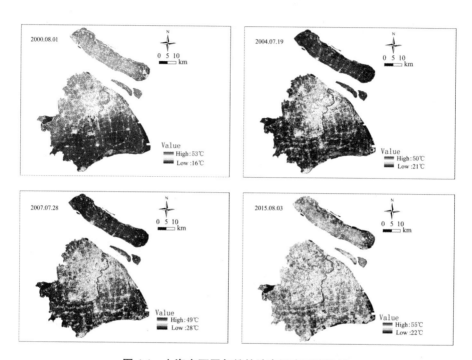

图 4.1　上海市不同年份的地表温度反演结果

2. 地表温度反演精度验证

本书选取常用的反演温度与实测温度对比法检验地表温度反演的精度(Li et al.,2011)。若反演温度与气象站的实测温度趋势一致,则表明反演温度与实际情况较为吻合,反演精度较高,可以此作为研究数据源,反之则说明反演精度低,反演结果不可靠。图 4.2 为 2004 年上海市 10 个气象观测站的气温数据与根据大气辐射传输方程法反演的地表温度数据的对比,可见气温数据与反演的地表温度数据变化趋势基本一致,且把各气象站所测温度之间的温差放大了。这是因为地表温度与地表属性有关,高温区往往不透水面比例较大,不透水面在相同太阳辐射时的温升大于空气,地表温度高于气象站测得的空气温度(如徐家汇);低温区往往是含植被和水体较多的区域,植被和水体的温升低于空气,所以地表温度低于空气温度(如崇明)。由此可知,反演地表温度与实际情况吻合,精度较高,可以此为数据源研究上海市地表温度时空规律和缓解城市热环境的普适性策略。

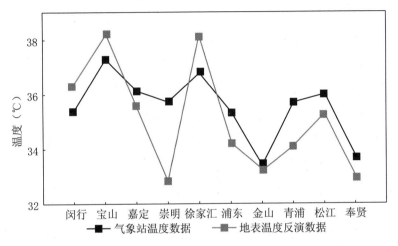

图4.2　上海市气象站观测气温与地表反演温度对比

第三节　城市地表温度的时空格局特征

本研究根据大气辐射传输方程反演方法得 2000 年、2004 年、2007 年和 2015 年四期上海市夏季地表温度分布图(见图4.1)。为了更直观地分析地表温度分布的时空变化状况,本书采用标准差分类法(程晨等,2010)进一步对地表温度划分等级。根据式(4-14)将地表温度分成 7 类,最后得出 7 分等级地表温度的阈值(见表4.3)。其中极高温区和高温区代表高温区域,极低温区和低温区代表低温区域。

$$D = X \pm a \times s \qquad\qquad (4\text{-}14)$$

式中:D 是不同等级温度阈值;X 是研究区地表温度平均值;s 是研究区地表温度方差;a 是方差的倍数;

表 4.3　地表温度等级划分

等级	温度阈值
极低温区	$D \leqslant x - 2.5s$
低温区	$x - 2.5s < D \leqslant x - 1.5s$
次低温区	$x - 1.5s < D \leqslant x - 0.5s$
中温区	$x - 0.5s < D \leqslant x + 0.5s$
次高温区	$x + 0.5s < D \leqslant x + 1.5s$
高温区	$x + 1.5s < D \leqslant x + 2.5s$
极高温区	$D > x + 2.5s$

根据上述的地表等级划分原则,基于 Arcgis10.1 平台,对图像进行分析处理,总结得出上海市地表温度的等级特征(见图 4.3)。

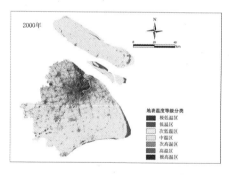
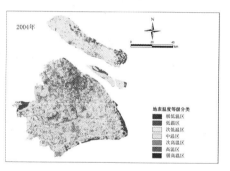
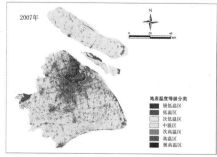
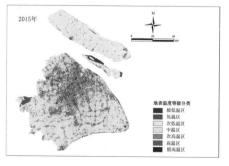

图 4.3　不同年份地表温度等级分类

一、城市热环境的空间分布特征

结合图 4.1 和图 4.3 可知,上海市地表温度的整体空间分布特征为:极高温区的分布范围较小且分散,主要以点状散布在黄浦江两侧沿岸和宝山区的重工业区附近,这部分区域内分布着较为密集的工业用地,在下垫面分类里属于城市建设用地,这类用地类型地表材质为人工不透水面,在太阳热辐射作用下升温快。另一方面工业区排放大量工业废气,进一步增大了该区域地表温度,成为地表极高温区。外环线内的中心城区和外环线外各郊区的中心城区几乎都是高温区,这些区域地表植被覆盖度较低,主要材质为沥青、砖瓦等建筑材料,这些材料热容小、导热率高,易形成高温区。上海市的低温和极低温区主要分布在崇明岛、横沙岛、长兴岛和黄浦江等区域,主要以水体和农业用地为主,水体热容大,导热率低,农业用地的植被覆盖度高,具有隐蔽、光合和蒸腾等降温作用,所以易形成低温区域。

图 4.3 表明,上海市的高温区和次高温区面积逐年扩大,而低温区和次低温区面积逐年缩小。2000 年,上海市夏季热岛仅集中在上海市西北部,该区域为上海市中心城区,建筑物密集、绿化率低、人口密度大,地表材质基本为人工不透水面。相比 2000 年,2004 年中心城区的热岛沿黄浦江沿岸向南显著扩张,该区域隶属于闵行区,是上海市重工业区之一,黄浦江沿岸分布着大量化工厂和造船厂等企业,地表温度较高。2007 年开始,上海市热岛区域迅速扩张,热岛区域扩大到外环外,并向周围地区辐射。松江、浦东、嘉定等区域内部出现明显的热点。到 2015 年,上海市中温区以上的区域已几乎占城市总面积的一半,仅剩崇明、奉贤、部分青浦地区和部分浦东地区(原来的南汇)无明显热岛,且无明显热岛的区域也有许多热点分布,表明城市热岛还在进一步扩张。

剖面分析可直观反映城市热环境的特征和总体变化趋势。所选剖线必须具有典型性,经过的区域能代表该地区的整体变化特征。本研究采用的剖线以上海市人民广场为中心,分别向东西向和南北向两个方向延伸,贯穿整个上海市(见图 4.4)。南北向剖面图从北部的宝山工业区开始,经过城市核心区、黄浦江一直到南部的奉贤。东西向剖面图从西部的青浦区开始、经过嘉定区、城市核心区直至浦东。

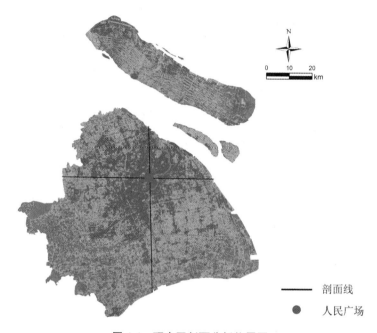

图 4.4 研究区剖面分析位置图

根据图 4.5 和图 4.6 可知,南北剖面线整体上呈"左高右低"即北高南低的形态,东西剖面线在 2007 年前整体上呈"中间高,两边低"的趋势,2007 年后整体上呈"平缓"的形态。南北方向上这种形态的成因与上海市的城市发展密切相关,在 2007 年之前,由于黄浦江的阻隔,上海的城市发展集中在浦西,大部分建设用地集中西北部,所以西北部城市化程度较高,不透水面较多,地表温度较高;而南部主要是郊区,过去以农业为主,城市化程度较低,自然地表多,所以地表温度较低。东西方向上 2007 年之前呈"中间高,两边低"的形态是由于剖面线经过的区域为郊区-城区-郊区,反映了城市和郊区地表温度的差异；2007 以年后，政府加速发展浦东、嘉定等地区，这些地区城市化水平显著提高，不透水面增大，东西温度曲线趋于平缓。

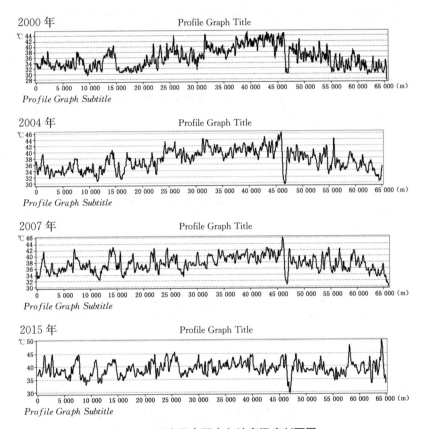

图 4.5　研究区东西方向地表温度剖面图

下垫面性质对地表温度的影响较大，剖面线经过的区域，是由不同下垫面组成的，导致剖面线抖动的形态。根据图 4.5 和图 4.6 可知，不论是东西向还是南北向，剖面线所对应的地表温度值均逐渐升高。在东西向上，2015 年的剖面线较 2000 年、2004 年和 2007 年的剖面线温度波动更稀疏，抖动的幅度降低，其原因是 2007 年之后上海借举办 2010 世博会的契机进入了快速发展阶段，城市下垫面的结构快速变化，东西向的不透水面连接成片，热环境破碎程度降低，城市热环境的变化随城市的发展逐渐加快。而在南北剖线上,2015 年的剖线温度曲线较 2000 年、2004 年和 2007 年更为密集,波形抖动的幅度增大,说明在南北向上,城市下垫面结构发生剧烈变化,南部原来大片的自然地被破坏,城市热环境破碎化程度升高,城市热环境变化加快。

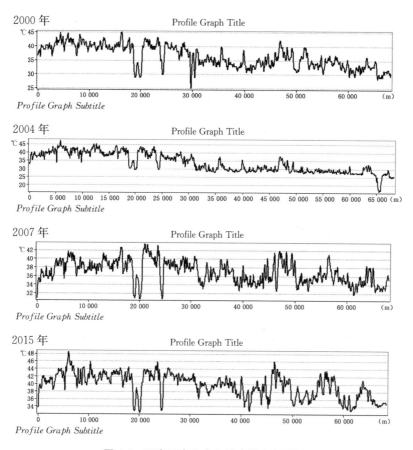

图 4.6　研究区南北方向地表温度剖面图

二、城市热环境的时间分布特征

研究区不同时相地表温度及其标准差如表 4.4 所示,根据表 4.4 可知随着时间的变化和城市的扩张,上海市夏季地表热环境在 2000 年(31.71 ℃)到 2015 年(35.98 ℃)间有着明显的变化。根据地表的平均温度、地表温度的等级和地表温度等级面积比例及其变化可定量反映上海市地表热环境的变化。在所研究的时间段内,上海市城市地表平均温度显著升高,这说明随着年份的推移,上海市夏季城市热岛效应显著增强。

表 4.4 研究区不同时相地表温度及标准差

日　　期	最低温度(℃)	最高温度(℃)	温度平均值(℃)	温度标准差
2000.08.01	11.78	52.93	31.71	3.51
2004.07.19	20.14	50.37	34.05	3.16
2007.07.28	26.78	49.73	35.34	2.72
2015.08.03	22.52	54.75	35.98	3.13

　　研究区中不同温度区域的面积比例如表 4.5 所示,随着时间的推移,上海市不同温度区域面积比例发生显著变化,其中低温区、次低温区和中温区的面积比例显著下降,次高温区和高温区的比例显著增强。通过比较各年份之间同一温区面积变化比例可知,次低温区和次高温区的变化比例最大,且在 2007—2015 年间,低温区、次低温区、次高温区、高温区和极高温区的变化幅度也较之前年份的变化幅度更大,表明上海市的城市热岛范围和强度在逐年扩增,尤其在 2007—2015 年间,上海市的热岛范围和强度发生的扩增尤为显著。

　　随着年份的推移,代表城市低温区的低温区和极低温区面积比例逐渐降低,在 2015 年低温区面积显著下降,低温区的面积比由 2007 年的 3.55% 下降到 2015 年的 1.99%。代表城市热岛区域的高温区和极高温区从 2000 年的 8.56% 剧增到 2004 年的 9.47%,高温区面积在 2007 年略有下降,为 9.29%,自 2007 年后,高温区面积剧增,至 2015 年,高温区面积占比达 16.58%。上述数据表明,自 2000 年后,上海城市热岛强度经历了先增强再减弱再增强的变化过程。该结论与周红妹和王新军等(2002,2008)的研究不同,其原因是他们仅研究到 2007 年为止,研究时间较短,未得出较为全面的结论。

表 4.5　各温度区域面积比例(%)

	2000.08.01	2004.07.19	2007.07.28	2015.08.03	2000—2004 年变化	2004—2007 年变化	2007—2015 年变化
极低温区	0.20	0.16	0.72	0.59	−0.04	0.56	−0.13
低温区	3.55	2.79	2.83	1.40	−0.76	0.04	−1.43
次低温区	31.64	31.17	30.73	16.14	−0.47	−0.04	−14.59
中温区	40.71	40.17	39.02	36.48	−0.54	−1.15	−2.54
次高温区	15.34	16.26	17.41	28.81	0.92	1.15	11.40
高温区	7.24	8.13	8.03	14.44	0.91	−0.10	6.11
极高温区	1.32	1.34	1.26	2.14	0.02	−0.08	0.88

上海市热岛效应在 2000—2004 年间显著增强;但相比 2004 年,2007 年城市热岛效应略有缓解;2007 年后城市热岛效应又呈显著增强、面积增大趋势。该现象与上海市政府土地规划政策密切相关,在 2004—2007 年间,上海市逐步向远郊扩展土地,但由于开发强度不大,建设用地未连成片,城市景观的破碎化程度较为严重,城市热岛强度有所减弱(杨瑞卿,2006)。但 2007 年后,上海借承办世博会的契机大力投资城市建设,兴建地铁、开发大量城市建设用地,所以在 2007 年后城市化进程明显加快,大量自然地表被人工地表代替,热岛强度也进一步显著增强。

第四节　地表温度与下垫面关系研究

目前关于地表温度与下垫面覆盖类型间关系的研究主要为地表温度与下垫面覆盖类型指数间相关关系的定量研究(Chen et al.,2006;Stabler et al.,2005;Stone et al.,2006;Yuan et al.,2007;Guo et al.,2015)。然而覆盖指数在实际应用中较为抽象,通常仅能得出用地类型与下垫面关系的定性结论,不能定量指导实践。研究发现植被覆盖度与地表温度间的相关性高于植被覆盖度指数,不同用地类型和其景观空间格局配置会对两者关系产生影响(Weng et al.,2004)。景观格局对热岛效应的影响研究多停留在探索阶段,关于景观格局对城市热岛效应影响及其缓解方法的研究较少。

因此,为获得地表覆盖类型面积及景观格局指数与下垫面温度之间的量化关系,本节借助 RS 和 GIS 技术的空间分析功能,以城市化剧烈、热岛效应显著的上海市为代表,定量研究地表覆盖类型面积及景观格局与下垫面温度间的关系模型,为上海等特大城市在改善人居环境、缓解城市热岛效应、合理进行城市与土地规划编制等方面提供参考。

一、下垫面类型的划分及特征

1. 下垫面覆盖类型的划分

在《城市用地分类与规划建设用地标准》[①]中,将城市用地分为 12 大类,即:居住用地(R)、公共设施用地(C)、工业用地(M)、仓储用地(W)、对外交通用地(T)、道路广场用地(S)、市政用地(U)、特殊用地(D)、绿地(G)、林地(L)、水域(E)、裸地(B)。本书结合研究需要和上海市用地类型现状,参考《标准与分类准则》,将研究区下垫面类型划分为以下 5 种类型(表 4.6)。

为获得较为准确的土地利用分类图,本书首先用 ENVI5.1 软件对 2000 年、2004 年、2007 年和 2015 年四期的 Landsat 遥感影像进行土地利用类型监督分类,再基于高分辨率 Google Earth 电子地图进行人工目视修正,最后对部分地区采用实地验证,得出这四年土地利用分类(见图 4.7)。

---

① 中华人民共和国建设部:《城市用地分类与规划建设用地标准》,1990 年 7 月 2 日。

表 4.6   城市用地类型分类

代码	用地类型	意义
C	建设用地	指城市建成区,包括:住宅用地、商业用地、道路用地、仓储用地、工业用地、公共服务用地等
F	绿　地	指任何能提供遮阴的植被类型,包括研究区内的所有乔灌木
W	水　体	指研究区内所有水体类型,包括:湖泊、河流、湿地、池塘等
A	农业用地	指研究区内所有农作物用地
B	裸　地	指其他未利用土地,包括:沙地和裸露土地

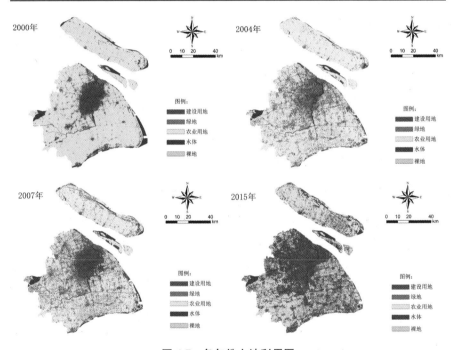

图 4.7   各年份土地利用图

2. 下垫面覆盖类型的特征

由表 4.7 所示,农业用地、水体和裸地的面积占比逐年减小,分别从 2000 年的 37.95%、25.19%、3.74%下降到 2015 年的 21.71%、12.36%、0.36%;绿地和建设用地面积占比逐年增大,分别由 2000 年的 7.81%和 25.31%,增大到 2015 年的 24.87%和 40.70%。

　　根据图 4.7 可知,与 2000 年相比,2015 年外环线内外的建设用地大量增加,农业用地减少,绿地部分增加,水体有所减少,裸地有所减少。2000年城市绿地主要集中分布于外环线内部,其中长宁区、徐汇区、杨浦区绿化状况良好,绿化覆盖率较高,静安区、黄浦区绿化较差,绿化覆盖率较低;随着年份的推移,城市绿地面积越来越大,至 2015 年城市外环线外的绿地面积显著大于城市外环线以内,闵行区、宝山区、浦东新区新增绿地面积较大,金山区、奉贤区新增绿地面积较小。2000 年至 2004 年,城市水体变化不明显,除集中分布于城市沿海区域和黄浦江、淀山湖等较大水域外,城市内部水网分布密集,城市水体丰富。然而至 2007 年,城市内部水网大量消失,被城市建设用地取代,沿海区域许多滩涂水体也被填埋,变为城市建设用地。2000 年城市建设用地集中分布于城市外环线以内区域,2007 年建设用地较为分散,不成片,2015 年建设用地连成片区;建设用地的扩增格局与城市地表温度的高温区的扩增格局基本一致。由此可知,地表温度与城市用地类型具有较强的相关性。该结论与周红妹等(2008)的研究结论相一致。

表 4.7　各年份不同用地类型面积百分比(%)

年　　份	农业用地	绿地	建设用地	裸地	水体
2000 年	37.95%	7.81%	25.31%	3.74%	25.19%
2004 年	35.15%	12.00%	29.14%	1.68%	24.03%
2007 年	32.97%	14.11%	36.81%	1.27%	14.84%
2015 年	21.71%	24.87%	40.70%	0.36%	12.36%

　　为了更细致地观测土地利用的空间变化,本书以上海市豫园为中心,向外以 1 km 为间距,在 0—20 km 范围内生成 20 个同心环形缓冲区(图 4.8),并统计 20 个环形缓冲区内的不同土地覆盖类型面积及比重,绘制出不同用地类型随缓冲区变化的曲线图。其中 0—16 km 均为外环线以内区域,16—20 km 为外环线以外区域。不同用地类型面积占比随缓冲区半径变化的曲线结果如图 4.9 所示。

图 4.8　0—20 km 缓冲区示意图

　　由图 4.9 可知,2000 年和 2004 年建设用地主要集中在 0—16 km 的缓冲区内,即主要集中在外环线以内的中心城区;农业用地主要集中在 14 km—20 km 缓冲区内,即外环线以外;水体在所选区域内分布较为均匀,主要为黄浦江经过的区域;绿地在各缓冲区内分布也较为均匀,外环线以内多于外环线以外。与 2004 年相比,2007 年和 2015 年建设用地显著增加,并向外环线以外扩张,其他缓冲区内的建设用地比例也显著高于 2004 年;农业用地比例和范围显著减少,主要集中在 16 km—20 km 的缓冲区内;外环线以外的水体面积比例略有减少,但分布区域变化不大;绿地的面积显著增加,主要增加在外环线以外的各区域中心。由此可知,上海的城市化进程致使农业用地大量转变为建设用地。但由于上海市政府开始重视城市绿化,所以绿地面积略有增加。

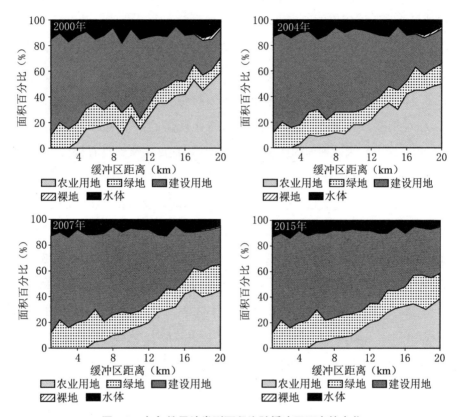

图 4.9　各年份用地类型面积比随缓冲区距离的变化

二、地表温度与下垫面覆盖类型关系研究

1. 不同地表覆盖类型的地表温度特征

不同用地类型对太阳热辐射的吸收和反射率不同,对地表温度的贡献也有显著差别(周淑贞等,1994)。将上述用地类型分类与反演的地表温度叠加,得到不同用地类型的地表温度(见表4.8)。

由表4.8可知,不同城市用地类型的地表温度差异显著,但在2000—2015年间各用地类型的地表平均温度均值排序均为:建设用地>裸地>绿地>农业用地>水体,即夏季建设用地温度最高,水体温度最低。其中绿地、农业用地、水体的平均温度显著低于该年份的地表平均温度;建设用地、裸地显著高于该年份的地表平均温度。

地表温度的显著差异是由不同用地类型对太阳热的吸收及反射不同造成的。建设用地地表主要为沥青、砖瓦等材质,对太阳辐射的吸收极强(Jin et al.,2011),表面温度最高。裸地的地表材质主要为透水性较强的自然裸土,相对于建设用地的人工不透水而具有较高的热惯性和热反射能力(Weng,2001),因此裸地的地表温度比建设用地低。绿地具有较大的绿量、较强的蒸腾作用和遮阴效果,对太阳热辐射的反射能力较强(Cao et al.,2010),所以绿地温度较低。农业用地的地表温度与绿地相差不大,但略低于绿地。农业用地的材质主要为农作物和土壤,农作物的遮阴、蒸腾作用和湿润土壤的蒸发作用能降低地表温度,同时农业用地主要分布在郊区,远离城市中心,周围的环境气温较低,所以农业用地的地表温度略低于绿地。水体在上述5种用地类型中具有最大的热容量和反射能力,且水体具有最强的蒸散作用(Imhoff et al.,2010),温度上升缓慢,与环境温差最大,表面温度最低。

表 4.8　各年份不同用地类型地表温度(℃)

		农业用地	绿地	建设用地	裸地	水体
2000 年(31.71 ℃)	最小值	20.67	20.17	22.35	26.41	11.78
	最大值	36.39	39.26	53.93	50.35	33.69
	平均值	30.06	30.14	35.43	33.99	28.93
2004 年(34.05 ℃)	最小值	22.42	24.62	25.52	27.61	20.14
	最大值	38.23	36.76	51.37	43.94	39.48
	平均值	32.87	33.18	36.54	35.63	32.03
2007 年(35.34 ℃)	最小值	28.58	28.75	27.41	31.03	26.78
	最大值	48.6	47.12	51.73	48.75	46.23
	平均值	34.19	34.38	37.69	36.89	33.55
2015 年(35.98 ℃)	最小值	18.05	31.79	29.97	32.02	22.52
	最大值	51.59	43.68	54.22	43.68	42.02
	平均值	35.16	35.21	39.05	37.19	33.29

为进一步研究各温度等级在上述 5 类土地利用类型上的分布情况,本

书利用 ArcGIS 空间统计功能,统计 2000—2015 年间各用地类型内部不同地温等级的面积比例(见表 4.9 和图 4.10)。

表 4.9 不同年份年各类用地类型地表温度等级所占面积比例(%)

地温等级	2000 年					2004 年				
	农业用地	绿地	建设用地	裸地	水体	农业用地	绿地	建设用地	裸地	水体
极低温区	42.49	10.57	0.00	0.25	46.69	34.33	20.39	0.00	0.12	45.16
低温区	45.69	8.94	0.00	1.02	44.35	34.97	23.74	0.00	0.61	40.68
次低温区	46.87	10.29	2.57	1.41	38.86	39.55	18.97	3.04	0.57	37.87
中温区	36.87	10.35	15.12	3.29	34.37	30.15	11.48	30.79	1.77	25.81
次高温区	27.73	11.49	45.98	4.64	10.16	33.34	8.68	40.53	1.89	15.56
高温区	35.50	4.31	50.95	6.89	2.35	30.21	2.34	61.39	2.68	3.38
极高温区	25.37	1.72	65.4	7.51	0.00	25.99	1.73	68.57	3.71	0.00

地温等级	2007 年					2015 年				
	农业用地	绿地	建设用地	裸地	水体	农业用地	绿地	建设用地	裸地	水体
极低温区	32.89	26.98	0.00	0.10	40.03	31.76	27.22	0.00	0.00	41.02
低温区	50.19	17.68	0.00	0.00	32.13	32.89	38.70	0.00	0.00	28.41
次低温区	50.25	21.8	1.54	1.55	24.86	30.17	43.15	7.87	0.00	18.81
中温区	48.63	15.35	30.16	1.27	4.59	30.06	33.58	33.55	0.00	2.81
次高温区	35.81	6.41	52.96	2.16	2.66	20.13	17.98	60.65	0.00	1.24
高温区	7.74	7.45	82.18	2.28	0.35	8.81	6.80	84.39	0.00	0.00
极高温区	5.22	4.09	86.13	4.56	0.00	2.10	2.12	95.78	0.00	0.00

根据表 4.9 和图 4.10 可知,不同用地类型在各地温等级所占比例相差很大,但各年份反映的结果基本特征一致,即:建设用地在极高温区、高温区和次高温区三个等级中所占面积比例最大,表明建设用地最易形成热岛;而水体、绿地和农业用地则在极低温区、低温区和次低温区三个等级中所占比例最大,表明这三种用地类型在降低城市地表温度和缓解城市热岛方面具有重要的作用。可见,建设用地对上海市的热岛效应贡献最大,而水体和绿

地对缓解热岛效应显著。

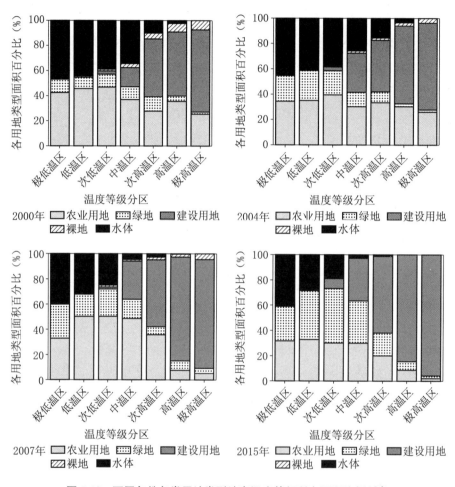

图 4.10 不同年份各类用地类型地表温度等级所占面积比例(%)

2. 地表温度与下垫面覆盖类型关系的定量研究

本节以 2015 年 8 月 3 日的数据为例,研究地表温度与下垫面覆盖类型面积和景观格局指数的定量关系。

首先利用 ArcGIS 的渔网功能,以 3 000 m×3 000 m 的网格,在研究区的南北向提取 6×20 个样本,在东西向上提取 5×20 个样本,除去中间相交

的样本数量,最终获得 190 个 3 000 m×3 000 m 的网格样本。然后将样本
网格分别与地表温度结果和用地类型矢量图相叠加(如图 4.11 所示),最后
计算各网格内的平均地表温度和统计各用地类型面积比,进而获得不同用
地类型与地表温度的相关关系,并应用 SPSS19.0 软件进行定量建模。

2015年

图 4.11　研究区样本网格示意图

　　根据网格内各用地类型面积比和温度的线性拟合结果可知(图 4.12),
地表温度与建设用地、绿地、农业用地和水体的面积比之间存在较好的一元
线性拟合关系,且拟合方程均通过了 0.05 的显著水平检验,这说明上述四
种用地类型能较好地解释平均地表温度的变化。

　　其中,平均地表温度与建设用地面积比的线性拟合方程结果最好($y=15.68x-529.92$, $R^2=0.81$),说明建设用地面积比与平均 LST 之间呈显著
正相关,即:建设用地在所有用地类型中,对地表温度的影响最大,其面积占
比越大,地表温度越高。平均 LST 与农业用地($y=-12.44x+491.11$)、绿
地($y=-0.93x+37.71$)和水体($y=-3.07x+123.31$)则呈显著负相关。
这表明,样地内,农业用地、绿地、水体的面积所占比例越高,地表温度越低。

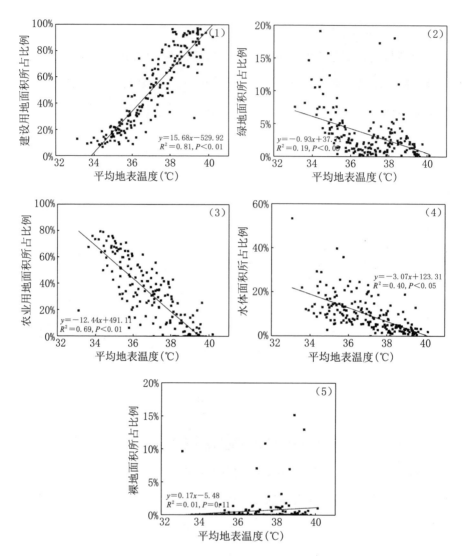

图 4.12 平均地表温度与用地类型面积比的线性拟合关系

3. 地表温度与下垫面覆盖类型的定量模型

为获得更精确的地表温度与用地类型间的关系模型,将各用地类型面积与地表温度进行多元回归分析(表 4.10),得出不同用地类型对地表温度影响的贡献值,预测模型如式(4-15)所示。

$$T = k_0 + k_1 CL + k_2 FL + k_3 AL + k_4 WL + k_5 BL \tag{4-15}$$

式中 T 代表地表温度，k_0 为常数；$k_1 - k_5$ 代表每个变量的系数；CL 为建设用地、FL 为绿地、AL 为农业用地、WL 为水体、BL 为裸地。

表 4.10　地表温度与各用地类型面积比的多元线性回归分析

模型	非标准化系数		标准系数	t	Sig.	R^2
	B	Std. Error				
k_0	36.578	0.328		111.634	0.000	0.928
CL	0.031	0.004	0.534	8.659	0.000	
FL	−0.018	0.011	−0.048	−1.632	0.104	
AL	−0.019	0.004	−0.282	−4.781	0.000	
WL	−0.048	0.007	−0.230	−6.864	0.000	
BL	0.001	0.018	0.001	0.039	0.969	

根据表 4.10 可知，模型拟合度 $R^2 = 92.8\%$，模型拟合效果良好。模型表达式如式(4-16)所示。

$$T = 36.578 + 0.031CL - 0.018FL - 0.019AL - 0.048WL + 0.001BL$$

$$\tag{4-16}$$

未来进行城市土地利用规划时，可参考上述模型对地表温度进行预测，并调整各种用地类型的面积，实现最优土地利用规划方案。

三、地表温度与下垫面景观格局的定量研究

景观格局指大小、形状和属性不一的景观空间单元在空间上的组合与分布情况，其突出特点是强调空间异质性及其动态变化特征(Luck et al.，2002)。本节以上海市为例，采用景观生态学的相关理论与方法，应用景观格局指数定量分析城市景观格局对地表温度的影响。

首先，将图 4.11 中的 190 个样本网格分别与地表温度和渔网矢量图叠加，获得每个网格内的平均地表温度。然后，用网格边界裁剪 2015 年土地利用矢量图，获得研究区土地利用矢量图，并将其转换为栅格文件。接下

来,将上述栅格数据输入 Fragstats4.2 软件,根据选取的景观指数,计算不同用地类型的景观格局指数。最后在 SPSS19.0 软件中计算 190 个网格内的平均温度与所有景观类型格局指数间的 Pearson 相关系数。

1. 景观格局指数的选择

根据研究目的,从景观斑块类型水平和景观水平两个方面选取 11 个景观格局指数定量描述研究区土地利用的景观格局特征,其中景观水平指数用于描述土地利用现状的整体特征,斑块类型指数重在对土地利用类型数量、形态和结构等特征进行分析。选取的景观指数包括类型水平的:斑块数量(NP),景观组成百分比(PLAND),最大斑块指数(LPI),景观形状指数(LSI),平均最近距离(MNN),散布与并列指数(IJI);景观水平的斑块密度(PD),最大斑块指数(LPI),景观形状指数(LSI),聚合度指数(AI),蔓延度指数(CONTAG),散布与并列指数(IJI),多样性指数(SHDI),均匀度指数(SHEI),各指数的具体含义见表 4.11。

表 4.11 景观格局特征指数及其生态学涵义

	指　　数	涵　　义
数量特征	斑块数量(NP)	描述各类型斑块的数量,反映景观的空间格局,斑块数量越多,说明景观的破碎度和异质性越高。
	斑块密度(PD)	描述每 100ha 内的斑块数量,斑块密度越大,景观破碎化程度越严重。
	景观组成百分比(PLAND)	描述各斑块类型所占的面积比,其值趋于 0 时,说明景观中此斑块类型十分稀少;其值等于 100 时,说明整个景观只由一类斑块组成。
	最大斑块指数(LPI)	描述景观中最大斑块占研究区的面积比。
形态特征	景观形状指数(LSI)	反映斑块形状的复杂程度,LSI 越大,说明斑块的形状越复杂。当 LSI＝1 时,形状为圆形,当 LSI＝1.13 时,形状为正方形。
结构特征	聚合度指数(AI)	从景观水平上刻画同一斑块类型的像素间聚合成斑块的邻接关系,反映不同斑块类型的非随机性或聚集程度。

续　表

指　　数	涵　　义
平均最近距离（MNN）	反映景观的空间格局。一般来说 MNN 值越大，说明同类型斑块间相隔距离越远，分布越分散；反之，说明同类型斑块间相聚较近，呈团聚分布。
蔓延度指数（CONTAG）	反映不同斑块类型的集合程度，当景观由许多小斑块组成时，蔓延度值较低，当景观中的优势斑块类型有较好的连通性时，其值较高。
散布与并列指数（IJI）	反映景观中各类斑块散布与并列的状况，即各斑块类型混合分布的程度，当各斑块都仅与一种其他类型斑块相邻接时，IJI 趋向于 0；当各斑块与其他所有斑块类型邻接概率相同时，IJI 趋向于 100。
均匀度指数（SHEI）	景观各类型空间分布的均匀程度，其值介于 0—1 之间，SHEI＝0 表明景观由一种斑块组成，无多样性；SHEI＝1 表明各斑块类型均匀分布，有最大多样性。
多样性指数（SHDI）	度量系统结构组成的复杂程度，反映景观要素多少和各景观要素所占比例的变化，SHDI＝0 表明景观仅由一个斑块组成；SHDI 增大，表示斑块类型增加或各斑块类型在景观中呈均衡化分布。

（结构特征 — 左侧合并列）

2. 地表温度与类型水平上景观格局指数的关系研究

由于裸地所占比例较小、样本数量少，不足以分析地表温度与类型水平上景观格局指数的关系研究，因此本研究仅分析水体、绿地、建设用地和农业用地四种景观的景观类型水平上景观格局指数与地表温度的关系。

表 4.12　地表温度与各景观类型水平上景观格局指数的 Pearson 相关关系

不同景观类型地表温度	PLAND	NP	LPI	LSI	ENN_MN	IJI
绿　　地	−0.149	0.368*	−0.034	−0.340*	0.578**	−0.638**
建设用地	0.904**	−0.730**	0.890**	0.513**	−0.255*	0.547**
农业用地	−0.789**	0.274*	−0.768**	−0.450**	0.409**	−0.609**
水　　体	−0.603**	0.523**	−0.317*	−0.671**	0.588**	−0.293*

注：** 在 0.01 水平（双侧）上显著相关；* 在 0.05 水平（双侧）上显著相关。

　　根据表 4.12 中地表温度与四种景观类型景观格局指数的 Pearson 相关性分析的结果可知,绿地除与 PLAND 和 LPI 无明显相关性外,与其余几种景观格局指数均显著相关,其中与 NP 和 ENN_MN 呈显著正相关,与 LSI 和 IJI 呈显著负相关,表明在样地内绿地的破碎化程度越严重,绿地斑块间的空间距离越大,绿地分布越分散,地表温度越高;绿地的景观形状越复杂,绿地斑块与多种斑块相邻时,地表温度越低。即一个大面积的绿地降温效果要强于等面积的多个小面积的绿地,绿地斑块的集中分布,降低地表温度效果要强于绿地斑块的分散分布(Wong et al.,2005;Oliveira et al.,2011)。绿地斑块形状越复杂,地表温度越低。其原因是形状复杂的绿地有更多的面与外部进行能量交换,降低了外部环境的温度,进而降低地表的平均温度(Cao et al.,2010)。根据地表温度与绿地景观格局的曲线拟合图

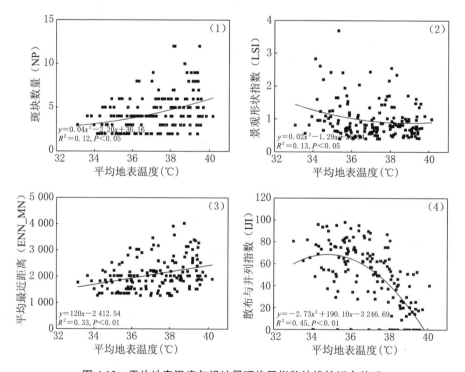

图 4.13　平均地表温度与绿地景观格局指数的线性拟合关系

4.12可知,绿地的平均最近距离指数($y=120x-2\,412.54$)和散布与并列指数($y=-2.73x^2+190.10x-3\,246.69$)与地表温度的曲线拟合结果较好。可知绿地斑块分布越集中,景观破碎化程度越低,斑块面积越大,斑块形状越复杂,降低平均地表温度的效果越好。

根据表4.12可知,建设用地与所选的六种景观格局指数均显著相关($P<0.05$)。其中建设用地与PLAND、LPI和IJI呈显著正相关;与NP、LSI和ENN_MN呈显著负相关。其原因是PLAND、LPI和IJI值越大,建设用地在所选样地内所占的面积比越大,分布越集中,所以平均地表温度较高。而NP和ENN越大,建设用地景观类型的破碎化程度越严重,分布越分散,所以平均地表温度较低。LSI越大,建设用地形状越复杂,与外界接触面越多,可进行更多的能量交换,所以提高了平均地表温度。根据地表温度与建设用地景观格局的曲线拟合图4.14可知,建设用地的景观组成百分比指数($y=14.59x-491.09$)和最大斑块指数($y=131x^2-79.68x+1\,189.93$)与地表温度的曲线拟合结果非常好($R^2>0.80$);斑块数量指数($y=-2.65x+104.95$)和景观形状指数($y=0.34x-8.57$)与平均地表温度拟合效果较好。综上所述,建设用地是影响地表温度的主要景观类型,建设用地景观的斑块面积越大,分布越集中,形状越复杂,平均地表温度越高。

根据表4.12可知,农业用地与所选的六种景观格局指数均具有显著相关性($P<0.05$)。其中农业用地与PLAND、LPI和IJI呈显著负相关;与NP、LSI和ENN_MN呈显著正相关。根据图4.15可知,农业用地的景观组成百分比指数($y=-11.34x+453.85$)、最大斑块指数($y=-0.17x^2+1.68x+202.91$)、景观形状指数($y=-0.13x^2+9.29-162.12$)和散布与并列指数($y=-1.70x^2+117.10x-1\,947.54$)与平均地表温度拟合效果较好。根据上述研究可知,农业用地的平均温度显著低于整体地表的平均温度,农业用地具有降低地表温度、缓解热岛效应的作用。PLAND、LPI和IJI值越大表明农业用地在所选样地内所占的面积比越大,且分布越集中,所以平

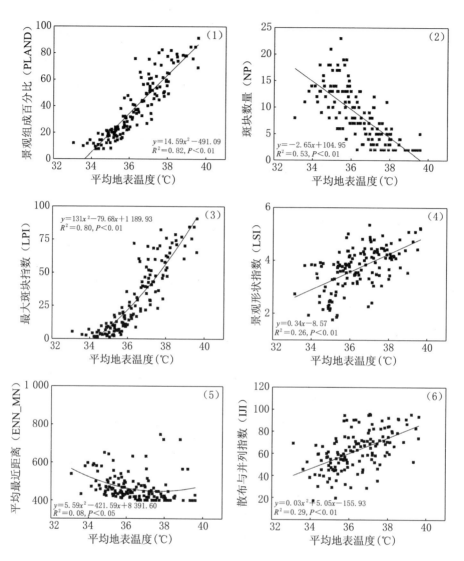

图 4.14　平均地表温度与建设用地景观格局指数的线性拟合关系

均地表温度较低。而 NP 和 ENN_MN 越大,农业用地景观类型的破碎化程度越严重,分布越分散,所以平均地表温度较高。LSI 越大,农业用地形状越复杂,农业用地与外界接触面越多,能更有效地降低平均地表温度。综上所述,农业用地景观的斑块面积越大,分布越集中,形状越复杂,平均地表温度越低,缓解热岛效应效果越好。

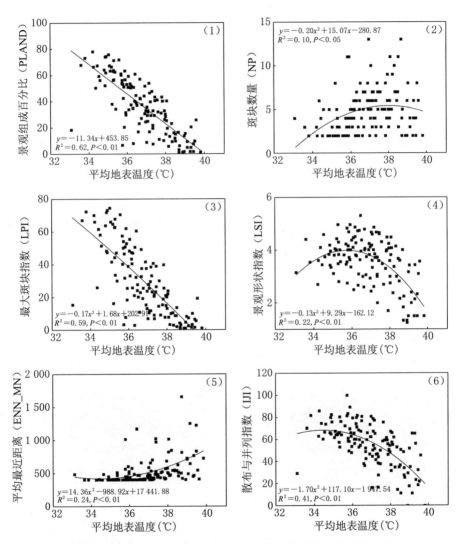

图 4.15　平均地表温度与农业用地景观格局指数的线性拟合关系

　　根据表 4.12 可知,水体与所选的六种景观格局指数均显著相关($P<$
0.05)。其中水体与 PLAND、LPI 和 IJI 呈显著负相关;与 NP、LSI 和
ENN_MN 呈显著正相关。根据图 4.16 可知,水体的景观组成百分比指数

（$y=-3.50x+140.64$）、斑块数量（$y=1.84x-57.65$）、景观形状指数（$y=-0.43x+19.22$）及平均最近距离指数（$y=33.25x^2-2\,331.89x+41\,363.84$）与平均地表温度拟合效果较好。根据上述的研究可知，水体的平均温度显著低于整体地表的平均温度，水体具有降低地表温度、缓解热岛效应的作用。PLAND、LPI 和 IJI 值越大，水体在所选样地内所占的面积比越大、分布越

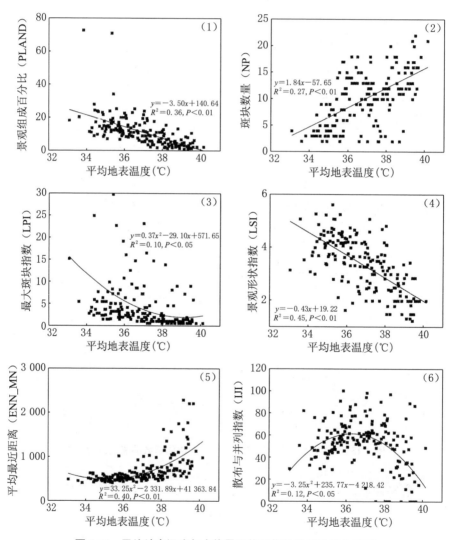

图 4.16　平均地表温度与水体景观格局指数的线性拟合关系

集中,平均地表温度较低。而 NP 和 ENN_MN 越大,水体景观类型的破碎化程度越严重、分布越分散,平均地表温度较高。LSI 越大,水体形状越复杂,与外界接触面越多,能更有效地降低平均地表温度(Du et al.,2016)。综上所述,水体景观的斑块面积越大,分布越集中,形状越复杂,平均地表温度越低,缓解热岛效应效果越好。

3. 地表温度与景观水平上景观格局指数的关系研究

根据表 4.13 中地表温度与下垫面景观格局指数的 Pearson 相关性分析结果可知,地表温度与所选取的 7 个景观水平景观格局指数具有较强的相关性($P<0.05$),其中地表温度与 PD、LSI、SHEI 和 SHDI 呈显著负相关,与 LPI、CONTAG 和 AI 呈显著正相关。即 PD 值越大、LPI 值越小,景观破碎化程度越严重,地表温度越低;SHEI 和 SHDI 越大,景观多样性越丰富,地表温度越低;LSI 越大,景观形状越复杂,地表温度越低;CONTAG 和 AI 值越高,表明与其他景观的连通性越好,景观破碎化程度越低,地表温度越高。岳文泽(2005)研究表明景观多样性越复杂,景观破碎化程度越大,地表温度越高。本研究结论与其相反。其原因是本书所选的研究区包含整个上海市,上海市中心城区受人为干扰强烈,以建设用地为主,景观破碎化程度和多样性较低,地表温度较高。而上海市外环以外区域,受人为干扰不如市区强烈,存在农田等未开发利用的景观,景观的破碎化程度和多样性均高于市区,地表温度较低。

表 4.13　地表温度与各景观景观水平上景观格局指数的 Pearson 相关关系

	PD	LPI	LSI	CONTAG	IJI	AI	SHEI	SHDI
LST	−0.698**	0.603**	−0.789**	0.897**	−0.235	0.522*	−0.816**	−0.942**

注:** 在 0.01 水平(双侧)上显著相关。

上述统计学分析中,除散布与并列指数外,所选取的其余景观格局指数与地表温度之间均通过了显著性检验,即地表温度与景观格局特征之间具

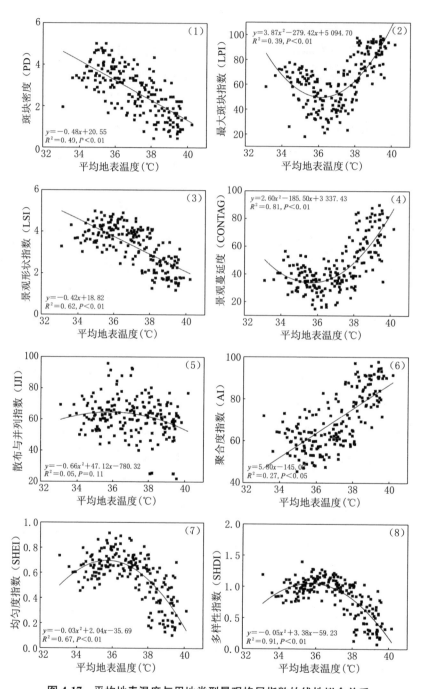

图 4.17 平均地表温度与用地类型景观格局指数的线性拟合关系

有显著的对应关系，但不同的景观格局指数与地表温度之间的对应关系存
在明显差异。因此，要想对不同景观空间格局配置进行合理安排，就需要知
道不同景观格局指数与地表温度的具体关系。

根据网格内下垫面景观格局指数与温度的线性拟合结果图 4.17 可知，
LST 与 PD($y=-0.48x+20.55$)、LSI($y=-0.42x+18.82$)和 AI($y=5.8x-145.08$)之间存在较好的一元线性拟合关系，而 LST 与 LPI($y=3.87x^2-29.42x+5\,094.70$)、CONTAG($y=2.60x^2-185.50x+3\,337.43$)、SHEI($y=-0.03x^2+2.04x-35.69$)和 SHDI($y=-0.05x^2+3.38x-59.23$)之间存在较好的二元线性拟合关系，表明地表温度与景观格局配置
具有较强的相关性，不同景观格局配置，会影响地表的平均温度。若要降低
地表温度，在一定区域内应尽量设置多种不同类型的景观，且景观形状复
杂、景观多样性丰富的配置格局。

第五节　本章小结

本书应用大气辐射传输方程法对 Landsat 数据进行地表温度反演，并
将反演结果与气象站的实测数据对比，验证反演精度。根据验证，地表温度
反演结果可靠，能够用于热岛效应的时空规律及与下垫面覆盖类型关系的
研究。根据对 2000 年、2004 年、2007 年和 2015 年四期夏季上海市地表温
度反演结果可知，上海市热岛效应的时空特征为：

（1）时间变化特征：上海市的热环境逐年增强：平均温度由 2000 年的
31.71 ℃提高到 2015 年的 37.43 ℃。热岛强度呈现增强—减弱—增强的趋
势：高温区的（高温和极高温）面积比在 2000—2004 年间增长 0.91％，在
2004—2007 年间下降 0.16％，在 2007—2015 年间剧增 7.29％。

（2）空间变化特征：上海市热岛区域由中心城区向周围扩张。2000 年，

上海市的热岛现象不明显,热岛仅集中在北部的中心城区;到 2004 年,上海市热岛扩展方向主要为南北向,即由中心城区沿黄浦江向南部扩大,高温区面积比例有所增大,但极高温区面积有所减少,热岛强度有所减弱;到 2007 年上海市的热岛开始在东西向上辐射性扩大,南北向上变化不大,且此时的高温区和极高温区多为分散的小热点,热岛破碎化程度较为严重,极高温区的比例变小,热岛强度有所减弱;至 2015 年为止,整个上海市中温区以上温区的面积占总面积的 45.39%,热岛强度显著增强,且在无明显热岛的区域也有许多热点分布,城市热岛有进一步扩张的趋势。

综上所述,上海市近 15 年来,热岛效应正随着时间的推移和城市化的进程不断以"摊大饼"的方式扩大、增强。城市热岛范围由 2000 年仅分布在中心城区开始向外蔓延,直至 2015 年整个热岛范围已遍布上海的外环线以外区域。随着区域经济的进一步发展,上海市的城市规模还将进一步扩大,城市热岛效应也会逐渐增强,城市生态环境将进一步恶化。我们应通过优化城市功能区和合理安排城市用地、增加水体及公园绿地面积等措施改善城市热环境,为居民提供良好的生活环境。

根据研究需要和上海市的用地现状,本书将研究区下垫面划分为建设用地、绿地、水体、农业用地和裸地 5 种用地类型。首先对 4 个年份遥感影像进行土地利用监督分类,然后结合高分辨率 Google Earth 电子地图通过人工目视解译对分类结果进行修正,最后对部分地区进行实地验证,获得较为准确的各个年份土地利用分类图。然后应用景观格局软件 Fragstats4.2 处理土地利用分类数据,得到上海市下垫面景观格局现状。最后定量研究地表温度与下垫面间的关系,结果表明:

(1) 随着时间的推移,城市绿地面积、建设用地面积逐渐增大,水体面积和农业用地面积逐渐减少。其中绿地和建设用地,在外环线以内显著增多,水体在外环线内显著减少,农业用地在外环线外显著减少。

(2) 不同城市用地类型的地表温度差异显著,4 个年份中各用地类型的地表平均温度排序均为：建设用地＞裸地＞绿地＞农业用地＞水体，即夏季建设用地地表温度最高，水体的地表温度最低。其中绿地、水体的平均温度显著低于该年份的地表平均温度；建设用地显著高于该年份的地表平均温度。

（3）通过对各温度等级在上述5类土地利用类型上的分布情况可知：建设用地在极高温区、高温区和次高温区三个等级中所占面积最大；而水体和绿地则在极低温区、低温区和次低温区三个等级中占比最大。由此可知，建设用地对上海市的热岛效应贡献最大，容易形成热岛中心；而水体和绿地主要分布在低温区和极低温区，容易形成冷岛中心。

（4）地表温度与类型水平上景观格局指数的研究结果表明：绿地、水体、农业用地景观面积越大，景观破碎化程度越小，分布越集中，景观形状越复杂，平均地表温度越低，热岛效应的缓解效果越好；建设用地景观与之相反，即建设用地景观面积越大，景观破碎化程度越小，分布越集中，景观形状越复杂，平均地表温度越高，热岛现象越明显。因此在进行景观规划设计时，应尽量将建设用地景观布置得分散，用绿地或水体等景观打破大面积的建设用地景观，这样能有效缓解城市热岛现象。

（5）地表温度与景观水平上景观格局指数的研究结果表明：地表温度与所选取的8个景观水平景观格局指数，均具有较强的相关性（$P < 0.01$），其中地表温度与 PD、LPI、LSI、IJI、SHEI 和 SHDI 呈显著负相关，与 CONTAG 和 AI 呈显著正相关。因此，若要降低区域内地表温度，应尽量设置多种不同类型的景观且景观间应具有较低的聚合度。

根据本章研究内容可知，不同用地类型，对地表温度的贡献具有显著差异，建设用地对城市热岛效应贡献最大，城市绿地和水体具有显著的冷岛效应。因此，在接下来的章节中将着重研究绿地、水体冷岛效应的空间降温规律。此外，城市下垫面的景观格局对城市地表温度也有一定影响，在对城市进行规划建设时，应合理分配下垫面类型的面积和景观格局配置，这样有助于缓解城市热岛效应。

第五章
城市水体冷岛效应及其影响因素研究

第一节　前　　言

根据本书第四章的研究结论可知,城市水体具有冷岛效应,水体的自身特征及其周边环境配置可对其冷岛效应产生影响。本章的研究重点为:探究城市水体冷岛效应及其影响因素。

城市水体包括河流、湖泊和湿地(水库、池塘)等,是城市重要的生态空间,对城市的形成和发展具有重要影响(丁圣彦等,2004)。由于水体具有较大的热惯性与热容量、较低的热传导与热辐射率,能有效降低显热交换能力,进而改变能量的传输(周淑贞等,1994;Weng et al.,2011;Wilson et al.,2003;岳文泽等,2013)。此外,水体还具有显著的蒸发作用,这对改善局部小气候、降低周围环境温度、缓解城市热岛效应具有重要意义。

国内外学者对水体的自身因素与其冷岛效应的关系做了大量研究。如:认为水体所处的位置和形状与其冷岛效率具有较强相关关系(Sun et al.,2012)。发现面状水域的冷岛效应强于线状水域,线状水域的宽度与周围环境共同决定其冷岛效应(岳文泽等,2013)。对北京水体冷岛效应的研究发现,水体的面积越大冷岛强度越强,但冷岛效率明显降低(Sun et al.,

2012)。

迄今为止,关于水体冷岛效应对周围环境的降温规律没有较确切的定量研究,且国内外学者对水体缓解城市热岛效应的研究不像绿地那样多,其原因是大多数城市内水体数量少,研究人员难以发现明显规律。而本书的研究区域上海市地域面积广阔,水体丰富,为研究水体的冷岛效应提供了得天独厚的便利条件,加上遥感技术可在同一时间获得大范围的地表温度数据,为研究水体冷岛效应的规律提供有利技术支持。本章根据第四章阐述的大气辐射传输方程法对 2015 年 8 月 3 日上海市中心城区的地表温度进行反演,选取 21 个典型水体为研究对象,从多尺度水平分析水体冷岛效应的空间规律,应用数理统计分析法探究水体冷岛效应与影响因素间的关系,并建立他们之间的定量模型,这对未来水体景观的规划设计具有重要的指导意义。

第二节　研　究　方　法

一、水体冷岛效应的定义

水体冷岛效应(Water Cool Island,WCI)可定义为水体内部温度低于周边环境温度的现象。水体冷岛效应包括三方面的内容:降温范围($L_{max(w)}$),降温幅度($\Delta T_{max(w)}$)和降温梯度($G_{temp(w)}$)。本书将水体周围地表温度与其距水岸的距离绘制成地表温度曲线(见图 5.1)。

降温范围:地表温度曲线第一个转折点位置到水体边缘的距离,单位为 m。

降温幅度:地表温度曲线第一个转折点温度与水体内部温度之差,单位为℃。

降温梯度:单位距离内的平均降温幅度,单位为℃/km。

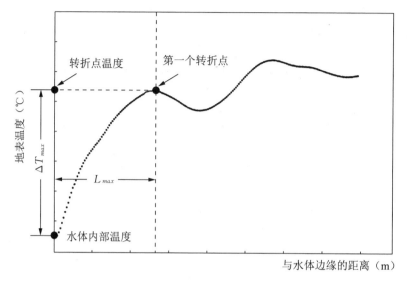

图 5.1 冷岛效应示意图

二、水体景观的提取与景观特征的选择

由于 Landsat8 数据温度传感器的空间分辨率为 100 m，因此本书选出了 21 个面积大于 1 公顷(ha)的水体作为研究对象(图 5.2)。

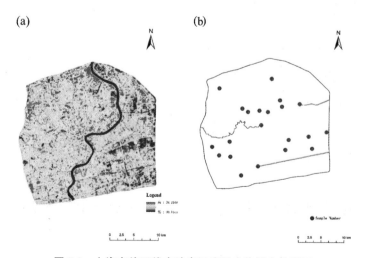

图 5.2 上海市外环线内地表温度及水体样点位置图

为定量描述水体的空间特征,本章结合第三章地表温度与下垫面关系的研究结果,选择从水体的景观构成、景观形态和空间布局三方面选取 6 个景观指标,包括:水体的面积(S_w)、水体的形状指数(LSI_w)、水体周围植物群落面积百分比(PG_{wo})和不透水面面积百分比(PC_{wo})、水体周围环境中景观的植物群落平均最近距离指数(MNN_{wg})和不透水面平均最近距离指数(MNN_{wc})。其中水体面积及内外部各用地类型面积的百分比可应用 ArcGIS10.1 软件直接统计。水体的空间布局指标 MNN_{wg} 和 MNN_{wc} 可通过景观格局指数计算软件 Fragstats4.2 获得。水体的形状指数可通过计算式(5-1)获得(McGarigal,1995):

$$LSI_w = \frac{D}{2\sqrt{\pi \times WA}} \quad\quad (5\text{-}1)$$

其中,D 为水体的周长。当 $LSI_w = 1$ 时,形状为圆形;当 $LSI_w = 1.13$ 时,形状为正方形(McGarigal,1995)。LSI_w 越大,水体形状越复杂。

三、分析方法

首先应用 ArcGIS10.1 软件分别做出 21 个水体距岸边 0—2 000 m 范围的缓冲区,在这 2 000 m 范围内无其他水体。然后与温度图层相互叠加,得到 2 000 m 范围内缓冲区的地表温度图像。然后应用 MATLAB 2014 软件提取出宽度为 10 m 的各缓冲环的平均地表温度,并绘成如图 5.1 所示的地表温度曲线。其中,横轴代表缓冲区距离水体或绿地边缘的距离,纵轴代表地表温度(图 5.1)。根据前人的研究可知,温度曲线的第一个转折点即为最大的降温范围(Du et al.,2016;Sun et al.,2012)。最后选择温度曲线剧烈变化或者达到平稳状态的位置为转折点。

统计分析过程则在 SPSS19.0 软件中完成。Pearson 相关性分析用来探究各影响因子之间的相关性,剔除相关性强的影响因子;多元回归分析用来定量研究水体冷岛效应与各影响因子间的定量关系。

第三节　水体的冷岛效应

根据上节中所阐述的研究方法,可获得水体面积、形状指数、用地类型面积百分比及水体内外部温度等数据。本章以上述数据为基础研究水体的冷岛效应。

一、水体的温度特征

根据地表温度反演结果,2015 年 8 月 3 日,水体的平均温度为37.61 ℃,显著低于上海市外环线内的平均温度(40.7 ℃)。根据表 5.1 可知,21 个水体中最小面积为 1.11 ha,最大面积为 12.18 ha。水体自身的温度最低的为35.72 ℃,最高为 39.31 ℃。

根据表 5.2 可知,水体的自身温度与其自身面积、形状指数呈负相关关系。即水体面积越大、形状越复杂,水体自身温度越低。其原因是:(1)一般面积较大的水体,含水量较大,由于水体自身具有较大的热惯性与热容量,水量越多,升温越慢,自身温度越低。(2)形状复杂的水体能够有效增大水体与周边环境的接触面,进而增加空气对流和蒸腾作用,降低水体自身和周围环境的温度。

表 5.1　水体样点的空间特征及其温度

样点编号	面积(ha)	温度(℃)	$L_{max(w)}$ (km)	$\Delta T_{max(w)}$ (℃)	$G_{temp(w)}$ (℃/km)
1	2.78	38.17	0.67	2.51	3.75
2	1.64	36.95	0.37	4.69	12.69
3	6.53	36.97	1.05	5.29	5.03
4	3.57	36.84	0.80	3.31	6.59

样点编号	面积(ha)	温度(℃)	$L_{max(w)}$(km)	$\Delta T_{max(w)}$(℃)	$G_{temp(w)}$(℃/km)
5	3.40	39.31	0.78	2.90	3.72
6	7.52	37.07	1.00	4.23	4.23
7	6.28	35.77	0.95	5.91	6.22
8	1.18	38.25	1.47	3.48	2.37
9	1.14	37.49	0.43	1.67	9.07
10	12.18	35.72	1.42	4.11	2.63
11	3.84	36.24	0.60	3.90	3.74
12	1.18	37.72	0.43	1.40	3.74
13	8.66	39.14	1.00	5.28	1.67
14	1.11	38.42	0.39	1.58	8.49
15	2.16	37.84	0.67	4.53	6.75
16	1.25	37.4	0.38	3.84	10.10
17	6.17	38.61	0.83	2.77	3.34
18	1.60	38.00	0.58	1.61	2.42
19	7.53	37.76	0.72	3.38	4.69
20	1.64	37.31	0.44	2.14	4.86
21	2.42	38.89	0.62	1.22	1.97

表 5.2　水体自身温度与自身特点之间的相关关系

	S_w	LSI_w
水体温度(℃)	−0.305	−0.411

二、水体对周围环境的降温特征

根据图 5.3 可知,各水体均表现出随远离水体距离而出现温度升高这一趋势,但当距离达到一定值后,地表温度随距离增加的变化趋于平缓,这一现象说明水体的冷岛效应具有一定的影响范围。

根据表 5.1 和图 5.3 可知,21 个水体的降温范围为:0.37—1.47 km,平均的降温范围为 0.74 km;降温幅度为:1.22—5.91 ℃,平均降温幅度为 3.32 ℃;降温梯度为:1.67—12.69 ℃/km,平均降温梯度为 5.15 ℃/km。

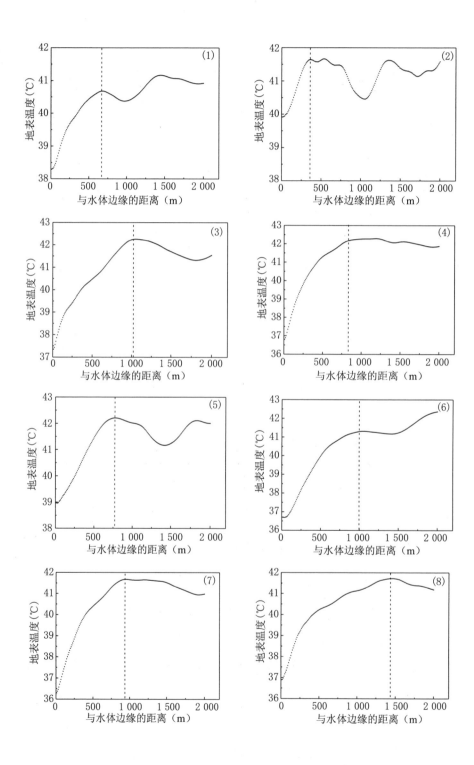

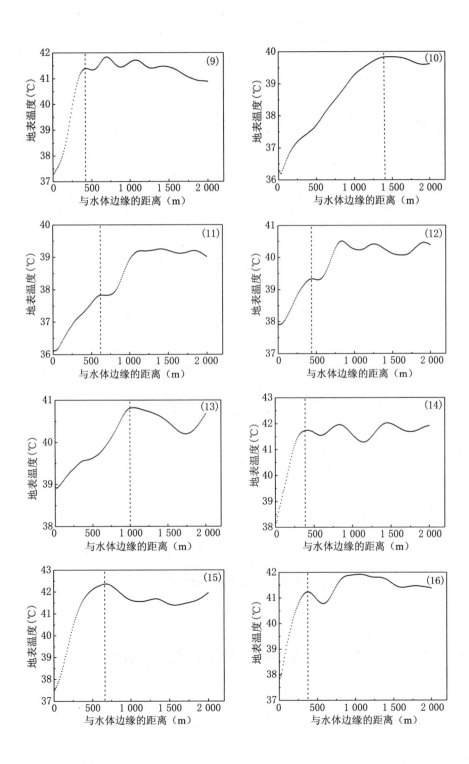

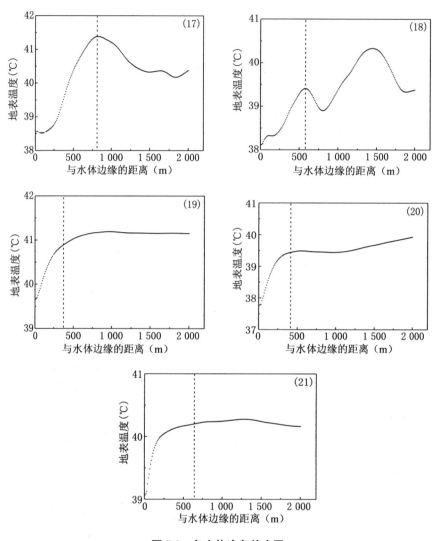

图 5.3　各水体冷岛效应图

第四节　水体冷岛效应的影响因素

根据前人研究,水体冷岛效应空间规律的差异是水体自身特性和周围环境因子共同决定的(Du et al.，2016；Sun et al.，2012)。为进一步研究水体冷岛效应的影响因素，本书从水体及其周边环境特征入手，选取水体面积(S_w)、水体的形状指数(LSI_w)、水体周围不透水面面积百分比(PC_{wo})、水体周围植物群落面积百分比(PG_{wo})、周围环境的不透水面平均最近距离指数(MNN_{wc})、周围环境的绿地平均最近距离指数(MNN_{wg})6个指标，研究其与水体冷岛效应的关系。

一、水体冷岛效应影响因素间的关系

在研究水体降温范围、降温幅度以及降温梯度与各影响因素间的关系前，首先对各影响因素间的关系进行相关性分析，以排除影响因素间的强相关关系。结果如表5.3所示。

表 5.3　水体冷岛效应影响因素间的关系

	S_w	LSI_w	PC_{wo}	PG_{wo}	MNN_{wc}	MNN_{wg}
S_w	1.000					
LSI_w	0.215	1.000				
PC_{wo}	0.362	0.184	1.000			
PG_{wo}	−0.194	−0.027	−0.635**	1.000		
MNN_{wc}	0.072	−0.037	−0.149	−0.257	1.000	
MNN_{wg}	0.152	−0.098	−0.069	0.311	0.703**	1.000

注：** 在 0.01 水平(双侧)上显著相关。

由表5.3可知，除PC_{wo}与PG_{wo}显著负相关关系、MNN_{wg}与MNN_{wc}存在显著正相关关系外，其他各因素间的相关关系均不显著，说明各因素相互独立，可以作为影响因素分别研究。由于水体周围环境主要由植被和不透水面两种景观元素组成，因此PG_{wo}与PC_{wo}存在此消彼长的显著负相关关系，可在后面的研究中排除PG_{wo}，保留PC_{wo}。同样，由于水体周围环境主要由植被和不透水面两种景观元素组成，当某一景观分布较分散或较聚集时，另一景观类型也存在同样趋势，为了统一，在后面的研究中排除MNN_{wg}，保留MNN_{wc}。

二、水体降温范围的影响因素

由表 5.4 可知,水体的降温范围($L_{max(w)}$)与 S_w 显著正相关($R=0.661$,$p<0.01$),与 LSI_w 显著正相关($R=0.535$,$p<0.05$),与 PC_{wo} 显著负相关($R=-0.738$,$p<0.01$)且相关性最强,与 MNN_{wc} 显著正相关($R=0.526$,$p<0.05$)。即:S_w 越大、LSI_w 越复杂、MNN_{wc} 越大或 PC_{wo} 所占比例越小,$L_{max(w)}$ 越大。

表 5.4　水体降温范围与各影响因子之间的相关关系

	S_w	LSI_w	PC_{wo}	MNN_{wc}
$L_{max(w)}$	0.661**	0.535*	−0.738**	0.526*

注:* $p<0.05$,** $p<0.01$。

本书研究表明 S_w 与 $L_{max(w)}$ 显著正相关,其原因是 S_w 越大,蒸发和空气对流作用越强,对周围环境的影响范围越远。PC_{wo} 越小,$L_{max(w)}$ 越大,与前人研究结论一致(Sun et al., 2012;Shi et al., 2011)。其原因是,若水体周围存在大量不透水面,会增加太阳辐射能的吸收,提高水体周围环境的温度,由于水体具有吸收周围环境热量的作用,水体自身温度也会提高,使得 $L_{max(w)}$ 变小。

$L_{max(w)}$ 与 MNN_{wc} 正相关($R=0.526$,$p<0.05$),即周围环境中不透水面景观越分散,$L_{max(w)}$ 越大。其原因是水体周围环境中成片的不透水面景观被其他景观打破,使其分布分散,有效降低了周围环境中的热岛强度和面积,从而增大了 $L_{max(w)}$。

研究显示,LSI_w 与 $L_{max(w)}$ 正相关,即 LSI_w 越复杂,$L_{max(w)}$ 越大(苏泳娴等,2010)。其原因是由于:水体对周围环境的降温主要依靠蒸发和空气对流作用,形状越复杂空气对流接触的水平面积越大,降温范围越大。因此在设计水体景观时,为了增大其降温范围,应尽量设计形状较为复杂的水体,且在水体周围尽量使不透水面景观分散分布。

三、水体降温幅度的影响因素

水体的降温幅度($\Delta T_{max(w)}$)与S_w显著正相关($R=0.549$,$p<0.05$),即$\Delta T_{max(w)}$随着S_w的增大而增大,与前人结论一致(苏泳娴等,2010)。其原因是S_w越大,自身温度越低,会加大水体与周围环境之间的温差,进而增大水体的降温幅度。

根据表5.5可知,$\Delta T_{max(w)}$与LSI_w($R=0.208$)正相关。即水体的形状越复杂,$\Delta T_{max(w)}$越大。原因是形状复杂的水体增强了与周围环境的气流交换,增大了$\Delta T_{max(w)}$(Du et al.,2016)。而距离水体越远环境温度越高,增大了环境与水体间的温差,即增大$\Delta T_{max(w)}$。

表 5.5　水体降温幅度与各影响因子之间的相关关系

	S_w	LSI_w	PC_{wo}	MNN_{wc}
$\Delta T_{max(w)}$	0.549*	0.208	−0.641**	0.524*

注:$*\ p<0.05$,$**\ p<0.01$。

$\Delta T_{max(w)}$与周围环境中PC_{wo}显著负相关($R=-0.641$,$p<0.01$),即周围环境PC_{wo}越大,$\Delta T_{max(w)}$越小。其原因是PC_{wo}越大,对太阳辐射吸收率强,且不透水面的热容量小,导热率高,升温快(Jin et al.,2011),使周围环境温度也随之升高。周围环境温度会影响水体自身温度,周围环境温度升高可导致水体温度升高,降低水体与周围环境的温差。另外,PC_{wo}越大,$L_{max(w)}$越小,会进一步降低与周围的温差,即降低$\Delta T_{max(w)}$。

$\Delta T_{max(w)}$与MNN_{wc}相关性较强,呈显著正相关($R=0.524$,$p<0.05$),即周围环境中不透水面景观越分散,$\Delta T_{max(w)}$越大。其原因是水体周围环境中不透水面景观越分散,水体$L_{max(w)}$越大,距离水体越远处,地表温度越高,这增大了最大降温距离处的温度与水体自身温度的差值,即增大

了 $\Delta T_{max(w)}$。

四、水体降温梯度的影响因素

根据表 5.6 可知，$G_{temp(w)}$ 与 $S_w (R=-0.399)$ 和 $LSI_w (R=-0.172)$ 负相关，即 S_w 越大，LSI_w 越复杂，水体单位距离内的降温幅度越小，降温效率越低。这说明小面积、形状规则的水体拥有较高的降温效率。因此，在进行水体景观设计时，若要增大水体附近的降温效率，设计小面积、形状较为规则的水体效应要优于大面积、形状较为复杂的水体。

$G_{temp(w)}$ 与 LSI_w、PC_{wo}、MNN_{wc} 呈正相关，但相关系数较低。这说明水体的降温梯度与上述影响因子之间相关性不显著，水体降温梯度受上述影响因子的影响较小。

表 5.6　水体降温梯度与各影响因子之间的相关关系

	S_w	LSI_w	PC_{wo}	MNN_{wc}
$G_{temp(w)}$	−0.399	−0.172	0.029	0.079

第五节　水体冷岛效应的空间规律

由于景观格局指数是描述空间配置的一种虚拟指数，不能很好地用于定量分析，为了更精确地分析水体降温效果的空间分异特征和各影响因素间的具体关系模型，本节采用 $S_w / LSI_w / PC_{wo}$ 3 个指数加入多元回归分析，得出水体冷岛效应与各影响因素间的定量关系模型，总结水体对周围环境的降温规律。

一、水体降温范围规律

本书通过多项式拟合方程探讨单个因素与 $L_{max(w)}$ 间的关系。根据 S_w

与 $L_{max(w)}$ 的拟合曲线可知（图 5.4），水体面积小于 13 公顷（ha）时，S_w 与 $L_{max(w)}$ 显著正相关，即 $L_{max(w)}$ 随着 S_w 的增大而增大。城市水体的冷岛效应与其面积之间的关系具有一定的阈值，当水体面积达到临界值后，其冷岛效应趋于稳定（Sun et al.，2012）。而本研究结果与其结论不一致，原因是本研究水体样本数量较少，样本面积均小于 13 ha，未能达到临界值。在今后的研究中应扩大研究区范围，增大水体样本数量，进而获得更为准确的规律。

当 LSI_w 大于 4 时，拟合曲线的斜率显著增加，$L_{max(w)}$ 显著增强。当 PC_{wo} 小于 60%，拟合曲线的斜率显著增加，$L_{max(w)}$ 显著增强。因此在设计水体景观时，在其面积一定的情况下，为了增强其降温范围可使 $LSI_w>4$，尽量增大水岸线的蜿蜒程度；周围环境配置中，尽量使其不透水面积百分比小于 60%。

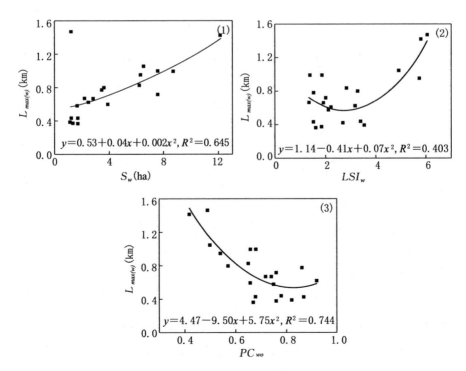

图 5.4　水体降温范围与其影响因素之间的拟合曲线

接下来,将15个水体的数据进行多元线性回归分析(表5.7),得出三项指数对水体降温范围影响的贡献值,预测模型如式(5-2)所示。

$$Y_1 = a_0 + a_1 S_w + a_2 LSI_w + a_3 PC_{wo} \tag{5-2}$$

式中 Y_1 代表 $L_{max(w)}$,a_0 为常数;a_1、a_2、a_3 代表每个变量的系数;S_w 为水体面积,LSI_w 为水体形状指数,PC_{wo} 为最大降温范围处周围环境中不透水面面积百分比。

根据表5.7的降温范围变化模型可知,当 S_w 作为唯一指数进行分析时,R^2 值为64.5%;将 S_w 和 LSI_w 作为指数进行分析时,R^2 值为72.6%;而同时将 S_w、LSI_w 和 PC_{wo} 同时作为参考指数进行分析时,R^2 值为84.3%。由此可知,$L_{max(w)}$ 与各影响因子之间的最适模型如式(5-3)所示。

$$Y_1 = 2.439 + 0.035 S_w + 0.063 LSI_w - 2.304 PC_{wo} \tag{5-3}$$

表5.7 水体降温范围与各影响因子之间的多元线性回归分析

模型		未标准化系数		标准化系数	t	Sig.	R^2	F
		B	Std. Error					
1	常数	0.517	0.117		4.412	0.001	0.645	9.409
	S_w	0.068	0.022	0.648	3.067	0.009		
2	常数	0.269	0.137		1.966	0.73		
	S_w	0.095	0.037	0.470	2.583	0.024	0.726	10.091
	LSI_w	0.103	0.029	0.496	3.510	0.002		
3	常数	2.439	2.161		1.129	0.285		
	S_w	0.035	0.024	0.333	1.435	0.182	0.843	5.505
	LSI_w	0.063	0.053	0.308	1.180	0.265		
	PC_{wo}	−2.304	2.212	−0.893	−1.042	0.322		

用所得的模型,模拟剩余的6个水体样点,模拟结果如图5.5所示,两者之间的相关系数达0.879,故该模型可以很好地预测水体降温范围。

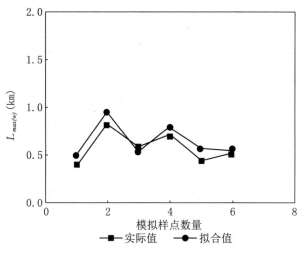

图 5.5　降温范围的拟合值与实际值

二、水体降温幅度规律

根据图 5.6 可知，当 S_w 小于 9 ha 时，$\Delta T_{max(w)}$ 显著增大；当其大于 9 ha 时，其 $\Delta T_{max(w)}$ 开始呈缓慢增加且有下降趋势。$\Delta T_{max(w)}$ 与 PC_{wo} 呈单调递减趋势，即 PC_{wo} 越大，$\Delta T_{max(w)}$ 越小。其原因是周围环境中不透水面比例越大，对太阳辐射吸收率强，且不透水面的热容量小，导热率高，升温快（Jin et al.，2011），使周围环境温度也随之升高。周围环境温度会影响水体自身温度，周围环境温度升高可导致水体温度升高，降低水体与周边环境的温差，即降低水体降温幅度。

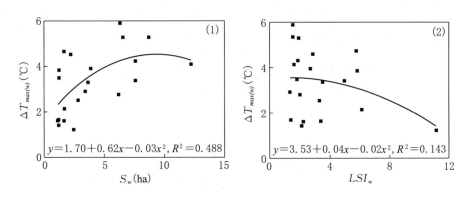

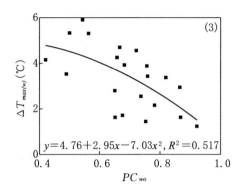

图5.6 水体降温幅度与其影响因素之间的拟合曲线

与上述多元线性回归模型相同,同理建立 $\Delta T_{max(w)}$ 模型如式(5-4)。

$$Y_2 = b_0 + b_1 S_w + b_2 LSI_w + b_3 PC_{wo} \qquad (5-4)$$

式中 Y_2 代表 $\Delta T_{max(w)}$,b_0 为常数;b_1、b_2、b_3 代表每个变量的系数。

根据表5.8的 $\Delta T_{max(w)}$ 模型可知,当 S_w 作为唯一指数进行分析时,R^2 值为48.8%;将 S_w 和 LSI_w 作为指数进行分析时,R^2 仍为51.6%,变化不显著,说明 LSI_w 对 $\Delta T_{max(w)}$ 的解释能力弱;而同时将 S_w、LSI_w 和 PC_{wo} 同时作为参考指数进行分析时,R^2 值为67.9%。由此可知,$\Delta T_{max(w)}$ 与各影响因子之间的最适模型如式(5-5)所示。

$$Y_2 = 23.358 + 0.073 S_w - 0.197 LSI_w - 21.899 PC_{wo} \qquad (5-5)$$

图5.7表示该模型得到的拟合值与实际值关系,两者之间的相关系数达0.762,故该模型对水体降温幅度的拟合效果较好。

表5.8 水体降温幅度与各影响因子之间的多元线性回归分析

模型		未标准化系数		标准化系数	t	Sig.	R^2	F
		B	Std. Error					
1	常数	1.695	0.506		5.131	0.000	0.488	6.932
	S_w	0.251	0.095	0.590	2.633	0.021		

续　表

模型		未标准化系数		标准化系数	t	Sig.	R^2	F
		B	Std. Error					
2	常数	253	0.737		3.443	0.005		
	S_w	0.248	0.102	0.583	2.424	0.032	0.516	3.209
	LSI_w	0.022	0.199	0.027	0.112	0.913		
3	常数	23.358	9.858		2.369	0.039		
	S_w	0.073	0.111	0.171	0.660	0.524	0.679	3.880
	LSI_w	−0.197	0.242	−0.238	−0.814	0.435		
	PC_{wo}	−21.899	10.094	−2.083	−2.169	0.055		

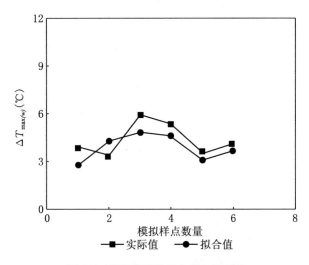

图 5.7　降温幅度的拟合值与实际值

三、水体降温梯度规律

根据上述的研究可知，$G_{temp(w)}$ 与各影响因子之间的相关关系不显著，因此本书不研究 $G_{temp(w)}$ 与各影响因子之间的相关关系式。

根据表 5.9 的降温梯度变化模型可知，当 S_w 作为唯一指数进行分析时，R^2 值为 0.159；将 S_w 和 LSI_w 作为指数进行分析时，R^2 值为 0.164；而

同时将 S_w、LSI_w 和 PC_{w0} 同时作为参考指数进行分析时,R^2 值为 0.285。由此可知,上述影响因子对 $G_{temp(w)}$ 的变化规律解释能力较弱,由上述影响因素与降温梯度之间的回归模型建立不成功。$G_{temp(w)}$ 可能与环境温度、风速、风向、湿度,及周围环境多样性、破碎化程度等因素有关,由于人力物力财力的限制,本书不做具体研究。

表 5.9 水体降温梯度与各影响因子之间的多元线性回归分析

模型		未标准化系数		标准化系数	t	Sig.	R^2	F
		B	Std. Error					
1	常数	7.070	0.986		6.723	0.000	0.165	3.587
	S_w	−0.372	0.197	−0.399	−1.894	0.074		
2	常数	6.957	1.426		4.878	0.000		
	S_w	−0.355	0.209	−0.380	−1.700	0.106	0.174	1.761
	LSI_w	−0.138	0.426	−0.072	−0.323	0.750		
3	常数	4.409	22.941		0.192	0.850		
	S_w	−0.453	0.275	−0.485	−1.649	0.119		
	LSI_w	−0.733	0.552	−0.385	−1.327	0.203	0.215	1.597
	PC_{wo}	1.580	23.517	0.071	0.067	0.947		
	PG_{wo}	12.359	22.173	0.566	0.557	0.585		

第六节 本 章 小 结

本章以上海市中心城区 21 个面积大于 1 ha 的水体为研究对象,探讨了水体冷岛效应的空间规律及其影响因素,得到以下结论:

(1) 水体自身温度与水体面积、形状指数之间呈负相关关系,与周围环境中不透水面面积比例显著正相关。故降低水体自身温度的有效措施为:增大水体自身面积,增加水体边缘率或降低周围不透水面面积比例。

（2）水体的平均降温范围为 0.74 km；平均降温幅度为 3.32 ℃；平均降温梯度为 5.15 ℃/km。当周围环境中不透水面所占百分比小于 60% 时，水体的降温范围显著增大。

（3）水体的降温范围、降温幅度与周围环境中不透水面面积显著负相关，与水体自身面积和形状指数呈显著正相关；而降温梯度与上述各影响因子之间关系不显著。即：若周围环境中存在大面积的不透水面，则水体的降温范围与降温幅度较小；若水体的面积较大、形状较复杂，则水体的降温范围与降温幅度较大。因此在进行水体景观设计时，为增大其降温范围与降温幅度，在水体面积一定的情况下，应尽量增加水体的边缘率，降低周围环境不透水面面积比例。

（4）本书随机选取 15 个水体样点数据进行多元线性回归分析，水体降温范围和水体降温幅度的预测模型分别如下：

$$Y_1 = 2.439 + 0.035S_w + 0.063LSI_w - 2.304PC_{wo}$$
$$Y_2 = 23.358 + 0.073S_w - 0.197LSI_w - 21.899PC_{wo}$$

应用剩余 6 个样点对该模型进行验证，根据实际值与拟合值的对比研究发现两者的相关系数分别为 0.879 和 0.762，模型可靠度较高。

周围环境布局对水体的微气候效应起重要作用。水体可通过蒸发散热来降低周围的环境温度，而周围环境的配置可直接影响水体的降温效应。通过对水体冷岛效应与其影响因子间的关系研究，可更深入地了解水体冷岛效应的作用规律；通过建立降温范围和降温幅度模型，可准确估算水体对周围环境的降温效果，这对未来城市水体景观规划设计具有重要意义。

第六章
城市绿地冷岛效应及其影响因素研究

第一节　前　言

根据第四章的研究结论可知,城市绿地具有冷岛效应,绿地的自身特征和周围环境的景观配置可对其冷岛效应产生影响。本章将重点研究绿地冷岛效应的空间规律及其影响因素,即绿地的面积、形状、自身及周围的景观格局对其降温范围、梯度和幅度的影响。

城市绿地一般包括单位附属绿地、居住区绿地、公共绿地、生产防护林地及风景林地等五大类[①],是城市生态系统的重要组成部分,发挥着重要的生态功能。由于遥感影像热红外波段的空间分辨率为 100 m,因此本章所选取的绿地面积均大于 1 ha。

前人的研究表明,绿地产生冷岛效应的基础是能通过植物的光合作用和蒸腾作用吸收太阳辐射(Wong et al., 2005),同时通过植物遮阴功能拦截太阳辐射,增加气流交换等来降低周围地表温度(Bonan, 2014; Bowler et al., 2010)。绿地的冷岛效应受绿地的大小、形状、类型等因素影响(Oliveira et al., 2011;程好好等,2009)。对日本不同大小森林的研究发现,如

---

① 中华人民共和国建设部:《城市绿地分类标准》,2002 年。

果森林面积超过 20 ha 时,森林的冷岛强度不再增加(Mikami et al., 2009)。朱春阳等(2011)研究发现,绿地宽度可影响绿地的冷岛效应:当绿地宽度为 34 m 时,冷岛效应明显,当绿地宽度超过 40 m 时,其冷岛效应趋于稳定。蔺银鼎等(2006)研究发现林地的降温效应远高于草坪。除了对绿地的大小和形状进行比较外,还有学者对绿地的形状和内部结构进行研究。如佟华等(2005)对北京楔形绿地冷岛效应的研究显示:大型楔形绿地的降温范围为 1 km。陈辉等(2009)对不同结构类型的森林冷岛效应的研究显示:植被的绿化覆盖率越高,结构越复杂,其降温效应越明显。

　　城市公园是城市绿地的一种。一些学者通过研究发现,公园具有明显的冷岛效应。城市公园的位置、面积、形状及其内部的绿地或水体面积所占比例,是影响城市公园冷岛效应的重要因素。对墨西哥公园的调查显示,公园内的温度比周围建设用地的温度低 2 ℃—3 ℃,且对周边环境的降温范围约为一个公园的宽度(Jauregui, 1990)。对台北城市公园绿地冷岛强度的研究显示,公园形状越复杂,冷岛效应越弱,反之亦然(Chang et al., 2007)。公园的面积与其冷岛效应在一定范围内具有正相关关系,但两者之间并非线性关系。一些研究人员发现,城市公园的冷岛效应存在面积阈值,若公园面积超过该阈值,其降温效率会出现下降(Cao et al., 2010; Chang et al., 2007)。对重庆市公园冷岛效应的分析显示,当公园面积达到 14 公顷时,冷岛效应最强(Lu et al., 2012)。有学者研究发现公园形状越复杂,其冷岛效应越强(Chang et al., 2007; Lu et al., 2012)。冯晓刚等(2012)对西安市公园的研究显示,当公园的长宽比接近 1 时,公园的冷岛效应最强,降温范围最远。

　　以上研究均表明,城市绿地对于缓解城市热岛效应具有非常重要的作用。但大部分研究仅局限绿地自身特性对绿地冷岛效应的影响,而绿地内外部的环境配置对绿地冷岛效应的影响研究较少。因此,本章以此为重点,探究城市绿地冷岛效应及其影响因素。

第二节　研　究　方　法

一、绿地冷岛效应的定义

绿地冷岛效应(Green-space Cool Island，GCI)可定义为绿地内部的温度与周边环境温度存在差异的现象。绿地冷岛效应包括以下三方面的内容：降温范围($L_{max(g)}$)、降温幅度($\Delta T_{max(g)}$)和降温梯度($G_{temp(g)}$)。

二、绿地景观的提取与景观特征的选择

本章的数据源与第四章相同，均为 2015 年 8 月 3 日上海市中心城区 Landsat8 遥感影像。本研究共筛选了 68 块面积大于 1 ha 的绿地作为研究对象(见图 6.1)。

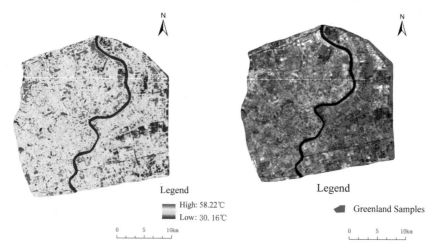

Legend
High: 58.22℃
Low: 30.16℃
0　5　10km

Legend
■ Greenland Samples
0　5　10km

图 6.1　上海市外环线内地表温度及绿地样点位置

根据前人的研究结果可知，景观形状指数和景观聚集度指数对绿地的降温效应影响最强(李虹等，2016)。本章从绿地内外的景观构成、景观形态

和空间布局三方面选取 12 个景观指标定量描述绿地的空间特征,如表 6.1
所示。绿地面积和绿地内外各用地类型面积比例作为景观构成的指标。

　　绿地面积及内外各用地类型面积的百分比可通过 ArcGIS10.1 软件统
计获得。绿地的空间布局指标可通过景观格局指数计算软件 Fragstats4.2
获得。

第三节　绿地的冷岛效应

　　在 68 块绿地样本中 41 块是仅由植被组成的纯植物群落绿地,另外 27
块是由绿地、水体或硬质铺装等组成的城市公园。根据上文所述研究方法,
可获得绿地面积、形状指数、用地类型面积所占百分比及绿地内外部温度等
数据。本章以该数据为基础研究绿地的冷岛效应。

表 6.1　绿地景观格局指标选择

空间景观特征指标	
景观构成	绿地面积(S_g),绿地内部植物群落面积百分比(PG_{gi})、水体面积百分比(PW_{gi})、不透水面面积百分比(PC_{gi}),绿地外部植物群落面积百分比(PG_{go})、水体面积百分比(PW_{go})和建设用地面积百分比(PC_{go})
景观形态	绿地形状指数(LSI_g)
空间布局	绿地内部的植物群落景观平均最近距离指数(MNN_{gi})、绿地内部的不透水面景观平均最近距离指数(MNN_{ci})、绿地内部的水体景观平均最近距离指数(MNN_{ui})、绿地外部的植物群落景观平均最近距离指数(MNN_{go})、绿地外部的不透水面景观平均最近距离指数(MNN_{co})、绿地外部的水体景观平均最近距离指数(MNN_{wo})

一、绿地的温度特征

　　根据地表温度反演结果可知,上海市中心城区绿地的平均温度为 38.63 ℃,
低于上海市外环线内的平均温度(40.7 ℃)。由表 5.2 可知,最小绿地面积为

1.12 ha,最大的为 205.32 ha。绿地自身温度最小为 36.52 ℃,最大为 41.29 ℃。

表 6.2　绿地样点特征及其冷岛效应

样点编号	面积(ha)	温度(℃)	$L_{max(g)}$ (km)	$\Delta T_{max(g)}$ (℃)	$G_{temp(g)}$ (℃/km)
1	203.17	37.45	1.04	6.29	6.04
2	186.52	37.18	1.44	3.73	2.59
3	157.87	36.63	1.61	8.93	5.55
4	205.32	36.88	1.23	2.31	1.88
5	137.70	36.91	1.31	2.80	2.14
6	79.56	37.25	0.52	2.46	4.72
7	3.71	39.17	0.63	1.32	2.09
8	56.69	38.56	0.48	3.15	6.56
9	5.19	39.48	0.41	0.80	1.96
10	51.59	38.51	0.63	2.98	4.73
11	3.60	40.08	0.55	1.33	2.41
12	23.46	36.52	1.11	4.52	4.07
13	4.26	39.24	0.26	1.99	7.66
14	21.33	37.09	0.22	4.12	18.71
15	97.43	37.46	0.84	3.91	4.66
16	30.10	38.40	0.43	3.77	8.77
17	8.13	39.38	0.22	2.48	11.29
18	17.71	37.27	0.26	1.18	4.54
19	19.33	37.44	0.37	4.58	12.38
20	10.94	38.07	0.62	4.22	6.80
21	9.99	38.38	0.51	3.25	6.37
22	55.41	38.55	0.49	2.02	4.13
23	1.87	39.84	0.14	1.54	10.99
24	9.06	39.26	0.24	1.45	6.06
25	31.64	38.38	0.24	2.43	10.13
26	1.12	39.12	0.09	0.78	8.70
27	10.08	38.39	0.17	2.83	16.67
28	4.10	39.18	0.35	2.90	8.29
29	3.14	39.66	0.26	0.65	2.51
30	6.95	40.07	0.49	1.41	2.88
31	10.89	39.31	0.20	1.80	9.02
32	15.44	39.4	0.69	0.99	1.44
33	9.46	38.58	0.92	3.35	3.64

样点编号	面积(ha)	温度(℃)	$L_{max(g)}$ (km)	$\Delta T_{max(g)}$ (℃)	$G_{temp(g)}$ (℃/km)
34	7.20	37.86	0.43	1.56	3.63
35	72.87	38.45	0.58	3.02	5.20
36	2.72	40.76	0.38	0.98	2.59
37	12.69	39.46	0.61	2.34	3.84
38	3.66	39.67	0.55	1.79	3.26
39	3.96	40.22	0.56	3.03	5.41
40	21.99	37.91	0.81	4.06	5.01
41	3.64	40.24	0.14	1.47	10.51
42	14.16	37.42	0.55	3.82	6.94
43	37.19	37.36	0.52	2.65	5.09
44	151.74	37.59	0.80	1.72	2.15
45	126.72	37.87	1.45	5.81	4.01
46	124.24	38.28	1.23	9.89	8.04
47	9.92	40.42	0.47	2.14	4.55
48	4.14	38.67	0.62	2.80	4.52
49	147.85	38.05	0.81	3.93	4.86
50	6.85	37.81	0.20	1.99	9.94
51	15.00	39.07	0.49	4.29	8.76
52	6.18	38.84	0.48	2.07	4.31
53	3.50	39.23	0.44	2.42	5.50
54	2.47	39.69	0.71	3.01	4.24
55	3.71	40.23	0.21	2.15	10.23
56	3.44	41.29	0.33	1.45	4.38
57	5.32	39.37	0.82	2.83	3.46
58	9.59	36.70	0.46	4.28	9.31
59	6.75	39.64	0.70	2.51	3.58
60	7.00	39.85	0.29	1.89	6.53
61	4.95	39.26	0.43	2.64	6.13
62	5.57	39.43	0.50	2.53	5.05
63	15.59	38.4	0.45	0.66	1.47
64	74.36	37.69	0.82	3.57	4.35
65	22.06	38.67	0.36	1.86	5.18
66	1.18	39.00	0.41	2.96	7.23
67	11.32	38.04	0.44	1.09	2.48
68	85.93	37.00	0.85	5.20	6.11

对绿地内部温度和内部景观指标进行回归分析,得到影响绿地自身温度的影响因子及其关系的模型。具体如下:

(1) 绿地内部温度与面积的关系。

由 S_g 散点图和拟合曲线(图 6.2)可知,S_g 对于其内部温度的解释能力达 52.4%,且两者具有显著相关性($p<0.01$),由此 S_g 是影响绿地内部温度的主要因素之一。在 S_g 小于 20 ha 时,绿地内部温度随 S_g 的增大而降低;当 S_g 大于 20 ha 时,绿地内部温度下降趋缓,表明绿地内部温度随 S_g 变化存在明显的阈值。

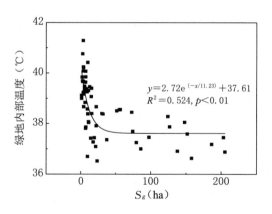

图 6.2 S_g 与其内部温度的关系

(2) 绿地内部温度与 LSI_g 的关系。

不同学者对 LSI_g 与绿地内部温度关系的研究结果存在差异。贾刘强(2009)通过研究成都市 163 块绿地,发现绿地内部温度不受其 LSI_g 的影响。然而,王帅帅等(2014)对广州市公园绿地进行研究,结果显示绿地内部温度与 LSI_g 间具有显著相关性,公园的最低温度随 LSI_g 的增大而降低。本研究中,LSI_g 与绿地内部温度呈负相关关系(图 6.3),LSI_g 越大,即绿地形状越复杂,绿地内部温度越低。根据表 6.2 可知,当 $LSI_g>2$ 时,绿地内部平均温度为 38.17 ℃,当 $LSI_g<2$ 时,绿地内部平均温度为 38.71 ℃。因

此为使绿地内部温度降低,在设计绿地时应尽量使绿地边缘形状复杂化。

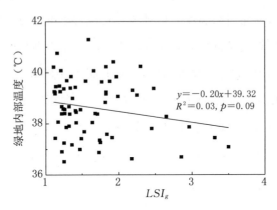

图 6.3 LSI_g 与其内部温度的关系

(3) PC_{gi} 与绿地内部温度的关系。

在本书所选样本中有 19 个含不透水面,作为分析绿地内部温度与 PC_{gi} 关系的研究对象。由 PC_{gi} 散点图及拟合曲线(图 6.4)可知,绿地内部温度与 PC_{gi} 呈正相关。其原因是不透水面热容小,导热率高,能迅速升温,使地表温度升高(Jin et al., 2011)。PC_{gi} 对绿地内部温度的解释能力较强,为 66.75%。表明 PC_{gi} 是影响绿地内部温度的主要因素。因此,为了降低绿地内部的温度,在设计绿地时应尽量减少其内部不透水面积所占比例。

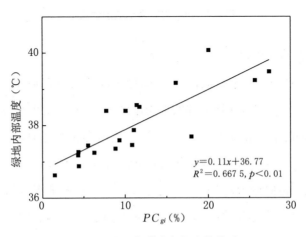

图 6.4 PC_{gi} 与其内部温度的关系

（4）绿地内部温度与 PG_{gi} 的关系。

研究表明,绿地内部温度与植被覆盖度间显著负相关,即植被覆盖度越大,绿地内部温度越低(Chang et al.,2007)。而本书结论不同。在研究中取 PG_{gi} 为 100% 的纯植物群落绿地,选择样本中的 27 个非纯植物群落绿地探究绿地内部温度与 PG_{gi} 的相关关系。根据图 6.5 可知,绿地内 PG_{gi} 与其内部温度之间关系不显著($R^2=0.024$),表明 PG_{gi} 不是影响绿地内部温度的主要因素,不能仅通过增大植物群落面积百分比降低绿地温度。

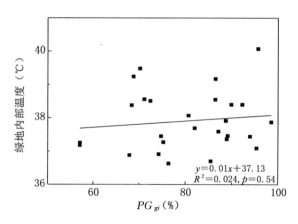

图 6.5 PG_{gi} 与其内部温度的关系

（5）绿地内部温度与 PW_{gi} 的关系。

研究样本中有 16 个绿地含有水体,作为本节的研究基础。由图 6.6 可知:当 $PW_{gi}>20\%$ 时,绿地内部的平均温度为 36.94 ℃;当 $0<PW_{gi}<20\%$ 时,绿地内部的平均温度为 37.74 ℃;当绿地内部无水体时,绿地内部的平均温度为 38.94 ℃。由此,PW_{gi} 越大,绿地内部温度越低。该结论与前人研究结论一致(苏泳娴等,2010;冯晓刚等,2012)。原因是水体具有较大的热容,升温慢,进而降低绿地内部的平均地表温度。根据图 6.6 可知,由于样本数量较少,PW_{gi} 对于绿地内部温度的解释能力较低且与绿地内部温度相

关关系不显著($R^2 = 0.03$)。

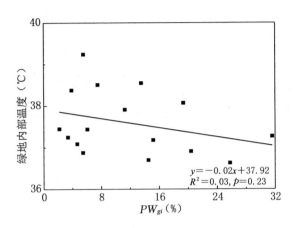

图 6.6　PW_{gi} 与其内部温度的关系

综上分析,S_g($R^2 = 0.52$)和 PC_{gi}($R^2 = 0.67$)是影响绿地内部温度的主要因素。因此在新建绿地时,从人居热生态环境的角度考虑,在绿地面积一定的情况下,绿地内部不透水面面积是需要考虑的重要因素。

二、绿地对周围环境的降温特征

根据表 6.2 可知,各绿地对周边环境的降温特征均表现为:地表温度随其距绿地距离的增大而逐渐升高,当距离达到一定值后,地表温度的变化趋缓。这一现象说明绿地的冷岛效应具有一定的影响范围,本研究中绿地样本的降温范围为 0.09—1.61 km,平均降温范围为 0.57 km;降温幅度为 0.78—5.20 ℃,平均降温幅度为 2.63 ℃;降温梯度为 1.44—18.71 ℃/km,平均降温梯度为 5.86 ℃/km。

通过与上节中水体的降温特征对比发现,绿地的降温范围、降温幅度小于水体,但降温梯度略大于水体。该结果表明总体上水体的冷岛效应强于绿地,但绿地的降温效率略高于水体。

第四节　绿地冷岛效应的影响因素研究

许多研究证实绿地具有明显的冷岛效应,且绿地冷岛效应与绿地的类型、面积、形状及植被遮阴面积等因素密切相关(Cao et al., 2010; Chang et al., 2007; Bowler et al., 2010;陈健等,1983;冯悦怡等,2014;张景哲等,1988)。然而,除上述因素外,目前绿地内外部环境结构对绿地冷岛效应影响的研究较少,因此本节着重探讨绿地冷岛效应与其内外部环境因子之间的关系。

一、绿地冷岛效应影响因素间的关系

本章第二节列出的绿地自身及外部景观格局指数均作为绿地冷岛效应影响因素,在进一步研究绿地降温范围、降温幅度以及降温梯度与各影响因素间的关系前,首先对各影响因素间的关系进行相关性分析,以排除影响因素间的强相关关系。

各影响因素间的相关性分析结果如表 6.3 所示。由该结果可知 PG_{gi} 与 S_g 存在正相关关系。其原因是本书选择的绿地为纯植物和公园绿地,S_g 增大,PG_{gi} 也相应提高,在后续研究中可去除 PG_{gi} 这一因素。此外,PC_{go} 与 PG_{go} 存在显著负相关关系,其原因是绿地周围环境主要由植被、不透水面和水体三种景观组成,其中水体相对其他景观元素较少,因此 PG_{go} 与 PC_{go} 存在显著负相关关系,因此可在后面的研究中排除 PG_{go},保留 PC_{go}。MNN_{gi} 与 MNN_{ci}、MNN_{go} 与 MNN_{co} 存在显著正相关关系,由于绿地内外部环境中主要由植被、不透水面和水体三种景观元素组成,其中水体相对其他景观元素较少,因此当某一景观分布较分散或较聚集时,另一景观类型也存在同样趋势,为了统一,在后面的研究中排除 MNN_{gi} 和 MNN_{go},保留 MNN_{ci} 和 MNN_{co}。

表 6.3　绿地冷岛效应影响因子的相关性分析

	S_g	LSI_g	PC_{gi}	PG_{gi}	PW_{gi}	PC_{go}	PG_{go}	PW_{go}	MNN_{ci}	MNN_{gi}	MNN_{ui}	MNN_{co}	MNN_{go}	MNN_{uo}
S_g	1													
LSI_g	0.19	1												
PC_{gi}	−0.276	0.058	1											
PG_{gi}	0.697**	−0.019	−0.379	1										
PW_{gi}	0.232	0	0.044	−0.398	1									
PC_{go}	0.338	−0.205	−0.287	0.459	−0.38	1								
PG_{go}	0.472	−0.125	0.032	0.061	−0.124	−0.753**	1							
PW_{go}	0.167	0.235	−0.321	0.215	−0.307	−0.281	−0.153	1						
MNN_{ci}	−0.023	−0.138	−0.245	0.016	0.224	0.005	0.067	−0.143	1					
MNN_{gi}	0.261	0.158	−0.058	0.096	−0.131	−0.081	−0.146	0.022	0.576**	1				
MNN_{ui}	0.025	−0.034	0.171	−0.214	0.058	0.157	−0.053	0.224	0.067	0.257	1			
MNN_{co}	0.154	−0.201	0.019	−0.093	0.141	−0.203	0.027	−0.108	0.093	0.009	0.016	1		
MNN_{go}	−0.024	−0.112	0.059	−0.102	0.135	−0.041	0.166	0.039	−0.133	0.035	0.033	0.638**	1	
MNN_{uo}	0.066	−0.051	0.103	0.021	−0.178	0.075	0.064	−0.039	0.032	0.054	0.018	0.221	0.324	1

注：** 在 0.01 水平（双侧）上显著相关；* 在 0.05 水平（双侧）上显著相关。

二、绿地降温范围的影响因素

由表 6.4 可知,$L_{max(g)}$ 与 S_g 具有显著的正相关关系,即 S_g 越大,$L_{max(g)}$ 越远。其原因是 S_g 越大,绿地自身温度越低,且与周围环境的接触面积越大,$L_{max(g)}$ 越远。

$L_{max(g)}$ 与绿地内部环境景观构成间的相关性不显著($P > 0.05$),表明绿地斑块内部环境景观构成对绿地的降温范围影响不显著。其原因可能是由于绿地内部以植被为主,不同绿地间各景观构成的百分比相差不大,故绿地内部环境景观构成对其降温范围影响不大。

$L_{max(g)}$ 与绿地外部环境具有显著的相关性。外部环境中,PC_{go} 越小,$L_{max(g)}$ 越远,其原因为:若绿地周围存在大量不透水面,会增加太阳辐射能的吸收,提高绿地周围环境的温度,由于绿地可吸收周围环境的热量,因此绿地自身温度也会提高,从而使得 $L_{max(w)}$ 变小。PW_{go} 对绿地降温范围的影响较小,其原因可能是由于绿地周围存在水体的样本太少,无法从统计上发现明显规律。

$L_{max(g)}$ 与绿地内外部环境中景观的空间布局具有较显著的相关性,与 MNN_{ci} 和 MNN_{co} 显著正相关($P < 0.01$),表明绿地内外部,不透水面景观分布越分散,绿地的降温范围越远。该结论与冯悦怡等(2014)的研究结论相一致。

表 6.4　绿地降温范围与其影响因子之间的相关关系

	S_g	LSI_g	PC_{gi}	PW_{gi}	PC_{go}	PW_{go}
$L_{max(g)}$	0.759**	0.059	−0.027	0.177	−0.444*	−0.047
	MNN_{ci}	MNN_{ui}	MNN_{co}	MNN_{wo}		
$L_{max(g)}$	0.673**	0.094	0.532**	0.137		

注：* P<0.05，** P<0.01。

根据上述研究可知，S_g 越大、PC_{go} 越小，绿地内外部不透水面景观分布越分散，绿地的降温范围越远。大面积绿地的降温范围大于小面积绿地；若要增大绿地的降温范围，可采取适当减少周边环境中不透水面、分散布置绿地内外部不透水面景观等措施。

三、绿地降温幅度的影响因素

通过对 $\Delta T_{max(g)}$ 与其内外部环境指标间的相关性研究（表 6.5）可知，$\Delta T_{max(g)}$ 除与 S_g 呈显著正相关（$P<0.05$）外，与其他影响因素间的相关性均不显著，由此可知，绿地降温幅度主要受绿地面积大小的影响。其他影响因素与绿地降温幅度间相关性虽不显著，但仍对 $\Delta T_{max(g)}$ 有一定的影响。$\Delta T_{max(g)}$ 与 LSI_g、PW_{gi}、MNN_{ci}、MNN_{co} 正相关；与绿地外部 PW_{go} 正相关，与 PC_{go} 负相关。表明绿地斑块的形状越复杂，绿地内水体比例越高，绿地内外部环境中不透水面景观越分散，$\Delta T_{max(g)}$ 越大；绿地外部 PW_{go} 越高，PC_{go} 越小，$\Delta T_{max(g)}$ 越大。

S_g 越大、PW_{gi} 越高、PC_{gi} 越低，绿地自身温度越低，可增大绿地与周围环境的温差，进而增大 $\Delta T_{max(g)}$。

LSI_g 越大，$\Delta T_{max(g)}$ 越大。其原因是形状复杂的绿地，可增强与周围环境的接触和气流交换，进而增大了 $L_{max(g)}$。距离绿地越远处的环境地表温度越高，进而绿地与环境间的温差越大，$\Delta T_{max(g)}$ 越大。

绿地的外部环境中，PW_{go} 越大，外部环境的 $L_{max(g)}$ 越大，距离绿地边缘越远，环境的温度越高，$\Delta T_{max(g)}$ 越大。而绿地的外部环境中当 PC_{go} 较高时，缩短了绿地的降温范围，进而减少了绿地内外部环境的温差，使 $\Delta T_{max(g)}$ 降低。

MNN_{ci} 和 MNN_{co} 越大，即不透水面的景观空间分布越分散，绿地内部的自身温度越低，进而增大了绿地内外部的温度差，增大了 $\Delta T_{max(g)}$（冯悦怡等，2014）。

表 6.5 绿地降温幅度与其影响因子之间的相关关系

	S_g	LSI_g	PC_{gi}	PW_{gi}	PC_{go}	PW_{go}
$\Delta T_{max(g)}$	0.528^*	0.339	-0.102	0.272	-0.378	0.255
	MNN_{ci}	MNN_{ui}	MNN_{co}	MNN_{wo}		
$\Delta T_{max(g)}$	0.428	0.059	0.314	0.027		

注：* P＜0.05。

在未来的绿地规划设计过程中,若要增大 $\Delta T_{max(g)}$,则应适当增大绿地面积;若在绿地面积一定的条件下,应尽量使绿地边缘形状复杂化,增加内外环境中的水体面积,减少不透水面面积。在空间配置上,尽量使绿地内外部景观中的不透水面景观分散分布,增大 $\Delta T_{max(g)}$。

四、绿地降温梯度的影响因素

本节所指的降温梯度($G_{temp(g)}$)是指每公里内的降温幅度,即表示为单位距离的降温效率。$G_{temp(g)}$ 越高,说明其降温效率越高。根据表 6.6 可知,$G_{temp(g)}$ 与绿地的自身特性和绿地内外的水体面积相关性较为显著,与其他环境要素之间相关性不显著。$G_{temp(g)}$ 与 S_g 呈负相关(R＝−0.212);与 LSI_g 呈显著正相关(R＝0.494, P＜0.01);与 PW_{gi}、PW_{go} 均呈显著正相关(P＜0.05)。即绿地的面积越大,绿地的降温效率越低;绿地的形状越复杂,绿地的降温效率越高;绿地内外部环境中水体面积越大,绿地的降温效率越高。

根据上述研究可知,一个大面积的绿地降温效率小于多个小面积绿地的降温效率。因此在进行绿地景观规划设计时,为了增大短距离内绿地的降温效果,可设计多个小面积的绿地来替代大面积绿地斑块。

根据上述的研究可知,绿地斑块的形状对绿地降温幅度的影响强于对绿地降温范围的影响。即绿地的形状越复杂,对绿地降温范围的影响不显著,但却显著增大了绿地的降温幅度,因此绿地的降温效率越高。

表 6.6　绿地降温梯度与其影响因子之间的相关关系

	S_g	LSI_g	PC_{gi}	PW_{gi}	PC_{go}	PW_{go}
$G_{temp(g)}$	−0.212	0.494**	0.032	0.394*	0.029	0.508**
	MNN_{ci}	MNN_{ui}	MNN_{co}	MNN_{wo}		
$G_{temp(g)}$	0.093	0.125	0.013	0.004		

注：* P<0.05，** P<0.01。

同理,绿地内外环境中水体面积的大小对绿地降温幅度的影响呈显著正相关,而对其降温范围的影响并不显著,因此,绿地内外环境中水体面积越大,其降温效率越高。

第五节　绿地冷岛效应的空间规律

景观格局指数是描述空间配置的一种虚拟指数,不能很好地用于定量分析。为了精确探究绿地对周围环境的降温规律,本节对上述影响因素($S_g/LSI_g/PC_{gi}/PW_{gi}/PC_{go}/PW_{go}$)与绿地冷岛效应特征进行多元回归分析,量化建模,并对模型的准确度进行验证。

一、绿地降温范围规律

根据图 6.7 可知,$L_{max(g)}$ 与 S_g 和 PC_{go} 曲线拟合效果较好,而与 LSI_g、PC_{gi}、PW_{gi}、PW_{go} 四个影响因子的曲线拟合效果不理想($R^2<0.15$),说明降温范围($L_{max(g)}$)受绿地面积和绿地外部环境中不透水面面积影响较大,受其他影响因素影响较小。

苏泳娴等(2010)等对广州市公园降温范围的研究表明,当公园面积大于 54 ha 时,绿地的降温范围不会随面积的增加而增加。本书得出的结论与之不同。根据图 6.7 可知,绿地的降温范围随着绿地面积的增大而呈线性增大,且绿地面积对于其降温范围的解释能力较高($R^2=0.576$),这说明绿地面积是影响其降温范围的主要因素之一。

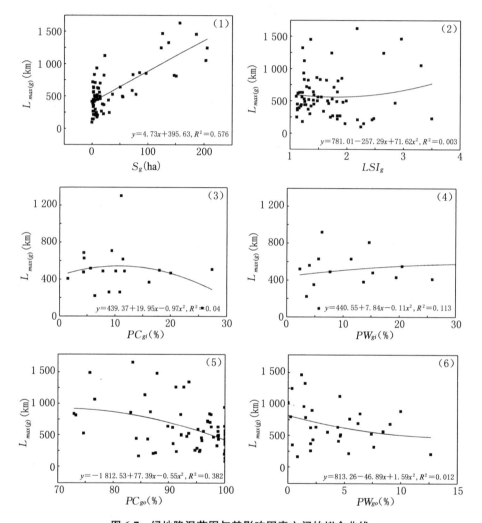

图 6.7 绿地降温范围与其影响因素之间的拟合曲线

对于绿地外部环境配置而言,PC_{go}对降温范围的影响都较为显著。随着PC_{go}的增大,基本呈单调递减趋势。

接下来随机选取 40 个样点进行多元线性回归分析(表 6.7),得出 8 项指数对绿地降温范围影响的贡献值,预测模型如式(6-1)所示。

$$Z_1 = a_0 + a_1 S_g + a_2 LSI_g + a_3 PC_{gi} + a_4 PW_{gi} + a_5 PC_{go} + a_6 PW_{go}$$

$$(6\text{-}1)$$

式中 Z_1 代表绿地降温范围, a_0 为常数; a_1 — a_6 代表每个变量的系数; S_g 为绿地面积, LSI_g 为绿地形状指数, PC_{gi} 为绿地内不透水面面积百分比, PW_{gi} 为绿地内水体面积比例, PC_{go} 为周围环境中不透水面面积百分比, PW_{go} 为周围环境中水体面积比例。

表 6.7　绿地降温范围与各影响因子之间的多元线性回归分析

模型		未标准化系数		标准化系数	t	Sig.	R^2	F
		B	Std. Error					
1	常数	395.631	32.642		12.120	0.000	0.576	89.698
	S_g	4.733	0.500	0.759	9.471	0.000		
2	常数	553.922	85.910		6.447	0.000	0.600	49.816
	S_g	5.011	0.509	0.804	9.852	0.000		
	LSI_g	−102.180	51.484	−0.162	−1.985	0.051		
3	常数	185.643	353.024		0.526	0.601	0.610	19.409
	S_g	4.955	0.520	0.795	9.533	0.000		
	LSI_g	−106.629	53.301	−0.169	−2.001	0.050		
	PC_{gi}	1.610	5.532	0.030	0.291	0.772		
	PW_{gi}	3.474	5.528	0.067	0.628	0.532		
4	常数	253.633	273.000		1.692	0.096	0.628	12.468
	S_g	4.896	0.621	0.785	7.885	0.000		
	LSI_g	−108.599	55.280	−0.172	−1.965	0.054		
	PC_{gi}	2.944	5.594	0.055	0.526	0.601		
	PW_{gi}	4.245	5.561	0.082	0.763	0.448		
	PC_{go}	−20.707	12.619	−0.446	−1.641	0.106		
	PW_{go}	−21.698	14.708	−0.187	−1.475	0.145		

根据表 6.7 的降温范围变化模型可知,当 S_g 作为唯一指数进行分析

时,R^2 值为 0.576;将 S_g 和 LSI_g 作为指数进行分析时,R^2 值为 0.600;而绿地自身特性和绿地内外部环境配置同时作为参考指数进行分析时,R^2 值仅为 0.628,说明 S_g 是影响其降温范围的主要因素,绿地内外部景观构成因素对其降温范围的影响较小。绿地降温范围的最适模型是将上述 6 个因子全部作为参考指标($R^2=0.628$),具体模型为式(6-2)。

$$Z_1=253.633+4.896S_g-108.599LSI_g+2.944PC_{gi}+$$
$$4.245PW_{gi}-20.707PC_{go}-21.698PW_{go} \qquad (6-2)$$

用上述模型验证剩余 28 个样点,模拟结果如图 6.8 所示,拟合值与实际值之间的相关系数达 0.743,故该模型可以很好地预测绿地降温范围。

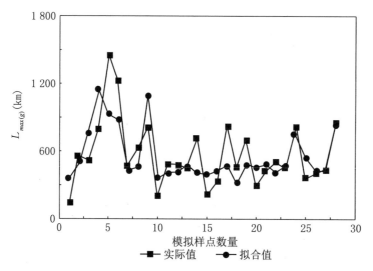

图 6.8　绿地降温范围的拟合值与实际值

二、绿地降温幅度规律

根据图 6.9 可知,S_g 与 $\Delta T_{max(g)}$ 的曲线拟合效果最好($R^2=0.302$),其余影响因素与 $\Delta T_{max(g)}$ 的曲线拟合效果均不理想,说明上述单个影响因素对 $\Delta T_{max(g)}$ 的影响均较弱,$\Delta T_{max(g)}$ 是受多因素的综合影响。且除上述影响因素之外，$\Delta T_{max(g)}$ 还与其他影响因素有关。

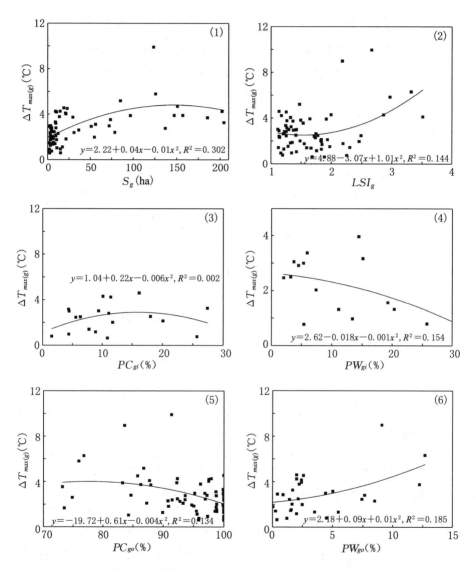

图 6.9　绿地降温幅度与其影响因素之间的拟合曲线

与上述多元线性回归模型相同，建立绿地降温幅度模型如式（6-3）所示。

$$Z_2 = b_0 + b_1 S_g + b_2 LSI_g + b_3 PC_{gi} + b_4 PW_{gi} + b_5 PC_{go} + b_6 PW_{go} \quad (6\text{-}3)$$

式中 Z_2 代表绿地降温幅度，b_0 为常数；$b_1 - b_6$ 代表每个变量的系数。

表 6.8 绿地降温幅度与各影响因子之间的多元线性回归分析

模型		未标准化系数		标准化系数	t	Sig.	R^2	F
		B	Std. Error					
1	常数	2.221	0.213		10.421	0.000	0.302	25.538
	S_g	0.016	0.003	0.528	5.054	0.000		
2	常数	1.197	0.561		2.134	0.037		
	S_g	0.015	0.003	0.471	4.421	0.000	0.319	15.250
	LSI_g	0.660	0.366	0.209	1.964	0.054		
3	常数	3.393	2.260		1.502	0.138		
	S_g	0.014	0.003	0.462	4.338	0.000		
	LSI_g	0.540	0.341	0.171	1.582	0.119	0.362	7.050
	PC_{gi}	−0.027	0.035	−0.102	−0.767	0.446		
	PW_{gi}	−0.069	0.035	−0.267	−1.948	0.056		
4	常数	10.789	8.161		1.322	0.191		
	S_g	0.015	0.004	0.476	3.733	0.000		
	LSI_g	0.401	0.354	0.127	1.132	0.262		
	PC_{gi}	−0.023	0.036	−0.088	−0.652	0.517	0.401	4.722
	PW_{gi}	−0.064	0.036	−0.248	−1.793	0.078		
	PC_{go}	−0.075	0.081	−0.322	−0.924	0.359		
	PW_{go}	0.015	0.094	0.026	0.157	0.876		

根据表 6.8 可知，降温幅度的最适模型为式(6-4)。

$$Z_2 = 10.789 + 0.015 S_g + 0.401 LSI_g - 0.023 PC_{gi} -$$

$$0.064 PW_{gi} - 0.075 PC_{go} + 0.015 PW_{go} \quad (6\text{-}4)$$

用上述模型验证剩余 28 个样点，模拟结果如图 6.10 所示，拟合值与实际值之间的相关系数达 0.605，故该模型可以很好地预测绿地降温幅度。

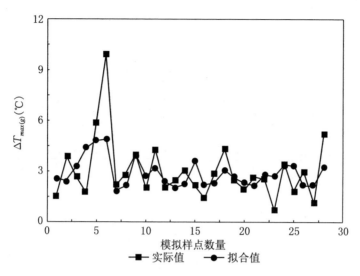

图 6.10　绿地降温幅度的拟合值与实际值

三、绿地降温梯度规律

根据图 6.11 可知，LSI_g、PW_{gi}、PW_{go} 与 $G_{temp(g)}$ 的拟合曲线效果理想，其余影响因素与 $G_{temp(g)}$ 的拟合曲线效果不理想。由此说明，LSI_g、PW_{gi} 和 PW_{go} 是影响 $G_{temp(g)}$ 的主要因素。其余影响因素对 $G_{temp(g)}$ 的影响较小。

$G_{temp(g)}$ 随着 LSI_g、PW_{gi}、PW_{go} 的增大而呈单调递增。即绿地的形状越复杂，内外部环境中水体面积越大，绿地的单位距离内降低的温度越多。

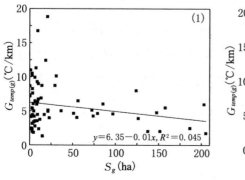
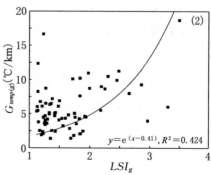

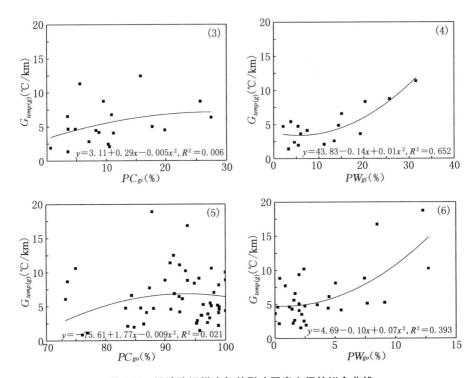

图6.11   绿地降温梯度与其影响因素之间的拟合曲线

与上述多元线性回归模型相同,同理建立绿地降温梯度模型如式(6-5)。

$$Z_3 = c_0 + c_1 S_g + c_2 LSI_g + c_3 PC_{gi} + c_4 PW_{gi} + c_5 PC_{go} + c_6 PW_{go} \quad (6\text{-}5)$$

式中 Z_3 代表绿地降温梯度,c_0 为常数;c_1—c_6 代表每个变量的系数。

根据图6.11和表6.9可知,LSI_g 对 $G_{temp(g)}$ 的解释能力较强,S_g 对 $G_{temp(g)}$ 的解释能力较弱($R^2 = 0.045$),绿地外部环境因子对 $G_{temp(g)}$ 的解释能力强于绿地内部的环境因子。表明绿地形状和其外部因子对于降温梯度的影响较大。降温梯度的最适模型为式(6-6)。

$$Z_3 = -3.28 - 0.018 S_g + 2.345 LSI_g - 0.079 PC_{gi} -$$

$$0.179 PW_{gi} + 0.135 PC_{go} + 0.491 PW_{go} \quad (6\text{-}6)$$

表 6.9　绿地降温梯度与各影响因子之间的多元线性回归分析

模型		未标准化系数		标准化系数	t	Sig.	R²	F
		B	Std. Error					
1	常数	6.348	0.49		10.421	0	0.045	3.109
	S_g	−0.013	0.008	−0.212	5.054	0		
2	常数	1.557	1.164		1.338	0.186		
	S_g	−0.022	0.007	−0.347	−3.141	0.003	0.267	11.824
	LSI_g	3.093	0.697	0.49	4.434	0		
3	常数	8.695	4.605		1.888	0.064		
	S_g	−0.022	0.007	−0.35	−3.224	0.002		
	LSI_g	2.827	0.695	0.448	4.065	0	0.437	6.299
	PC_{gi}	−0.067	0.072	−0.126	−0.928	0.357		
	PW_{gi}	−0.183	0.072	−0.356	−2.54	0.014		
4	常数	−3.28	15.586		−0.21	0.834		
	S_g	−0.018	0.008	−0.291	−2.388	0.02		
	LSI_g	2.345	0.677	0.371	3.465	0.001		
	PC_{gi}	−0.079	0.068	−0.149	−1.158	0.252	0.543	5.866
	PW_{gi}	−0.179	0.068	−0.348	−2.633	0.011		
	PC_{go}	0.135	0.154	0.292	0.876	0.384		
	PW_{go}	0.491	0.18	0.423	2.728	0.008		

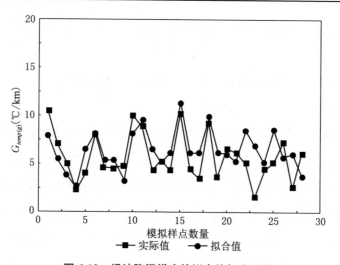

图 6.12　绿地降温梯度的拟合值与实际值

图 6.12 绿地降温梯度的拟合值与实际值表示该模型得到的拟合值与实际值关系,两者之间的相关系数达 0.692,故该模型可以较好地预测绿地的降温梯度。

第六节 本 章 小 结

本章以上海市中心城区 68 个面积大于 1 ha 的绿地为研究对象,探讨了绿地冷岛效应的空间规律及其影响因素,得到以下结论:

(1) 绿地自身温度特征与其影响因了之间的相关关系研究表明:绿地自身温度与绿地面积、形状指数、绿地内植物群落面积百分比和水体面积百分比呈负相关,与绿地内不透水面面积百分比呈显著正相关。绿地的面积和其内部不透水面面积是影响绿地内部温度的主要因素。且绿地面积与其内部温度间存在明显阈值:当绿地面积小于 20 ha 时,绿地自身温度随着绿地面积的增大而显著降低;当绿地面积大于 20 ha 时,绿地内部温度变化趋于平缓,不再随着面积的增大而显著变化。故降低绿地自身温度的有效措施为:在面积一定的情况下,降低绿地内不透水面面积并适当增加绿地的边缘率。

(2) 绿地的平均降温范围为 0.57 km;平均降温幅度为 2.63 ℃;平均降温梯度为 5.86 ℃/km。

(3) 通过对水体和绿地冷岛效应的对比结果可知,水体冷岛效应在降温范围和降温幅度方面强于绿地,但在降温效率方面略弱于绿地。

(4) 绿地冷岛效应的影响因素研究结果表明:绿地的降温范围主要受绿地面积和外部环境因子影响:绿地的降温范围与绿地面积呈显著正相关,与绿地外部环境中不透水面面积百分比呈显著负相关;绿地的降温幅度除与绿地面积之间呈显著正相关外,与其他影响因素之间相关性不显著;绿地的降温梯度与绿地形状指数、绿地内外水体面积百分比均显著正相关,与其他影响因素相关性不显著。因此在进行绿地景观设计时,为了增强一定面积的绿地的冷岛效应,应适当提高绿地外部环境中水体的面积比例,降低不透水面面积比例。

(5)本书将68个绿地的数据进行多元线性回归分析,绿地降温范围、降温幅度和降温梯度的预测模型分别如下:

$$Z_1 = 253.633 + 4.896S_g - 108.599LSI_g + 2.944PC_{gi} +$$
$$4.245PW_{gi} - 20.707PC_{go} - 21.698PW_{go}$$
$$Z_2 = 10.789 + 0.015S_g + 0.401LSI_g - 0.023PC_{gi} -$$
$$0.064PW_{gi} - 0.075PC_{go} + 0.015PW_{go}$$
$$Z_3 = -3.28 - 0.018S_g + 2.345LSI_g - 0.079PC_{gi} -$$
$$0.179PW_{gi} + 0.135PC_{go} + 0.491PW_{go}$$

应用所得的模型模拟剩余28个绿地样点的冷岛效应,根据实际值与拟合值对比研究发现两者的相关系数分别为0.743、0.605和0.692,模型可靠度较高。

绿地可通过光合作用、蒸腾作用和改变气流交换等手段降低周围环境温度,而其自身及外部的环境配置亦可直接影响其冷岛效应。通过对绿地冷岛效应与其影响因子间的关系研究,可深入了解绿地冷岛效应的作用规律;通过建立绿地冷岛效应的数学模型,可较准确地估算绿地对周围环境的降温规律,这对于热带亚热带地区的城市绿地规划设计具有重要的指导意义。

第七章
城市"蓝绿空间"冷岛效应模拟分析

第一节 前 言

缓解城市热岛效应是城市生态环境研究的重要方向。研究表明,增大水体、植被的面积可以缓解城市热岛效应(Onishi et al., 2010; Solecki et al., 2005; Ca et al., 1998)。然而城市用地紧张,通过增大城市"蓝绿空间"规模来减缓热岛效应十分困难。根据城市现有条件最大限度地缓解城市热岛效应成为新的课题。从景观生态学角度,合理配置"蓝绿空间"的景观格局来缓解城市热岛效应受到人们的关注。

迄今已有不少关于城市热岛效应的研究,并根据研究结果提出了缓解措施。缓解城市热岛效应方法的研究主要集中于减少热源、增大冷源效果等方面。其中热源包括:建筑、路面铺装材料、能源消耗等(Weng et al., 2004; Myrup, 1969; Oke, 1982; Takebayashi et al., 2007);冷源包括:绿地、水体及立体绿化等(ZINZI et al., 2012; Kolokotroni et al., 2006)。具体策略主要包括:增加绿化面积、增加三维绿量、丰富植物群落层次、增加屋顶绿化、增加水体景观、采用高反射建筑材料和减少能源消耗等(Solecki et al., 2005; Memon et al., 2007; Rosenfeld et al., 1995)。但多数研究在提出策略后,并无实践项目或仿真验证策略的有效性。

　　基于固定气象站、移动测量设备及热红外遥感等技术在城市热岛效应研究中已经得到广泛应用。基于该技术获取的数据和数理统计法实现了对土地利用、覆盖类型及其变化与城市热岛效应关系的定性或定量分析,并得到如增加植被、水体等景观以及采用合适的建筑材料等优化建议(Santamouris et al.，2011；Park et al.，2012；刘艳红等,2007；Steeneveld et al.，2014；Hsieh et al.，2010)。然而该研究方法既不能直观反映不同城市"蓝绿空间"对城市热岛效应缓解作用的差异,也不能对所提出的缓解城市热岛效应的景观规划策略进行验证。近年来,随着 CFD 模型的发展,部分学者利用 CFD 仿真模拟技术分析城市绿地对周边地区微气候环境的影响(Boot et al.，2012；Declet-barreto et al.，2013；夏俊士,2010；Skelhorn et al.，2014)。该方法可方便、直观地反映不同条件下的热环境特征,且能够验证景观规划设计方案的合理性,因此该方法逐渐成为城市微气候评价的重要工具。

　　综上所述,通过改变景观基质来缓解城市热岛得到了较普遍的认可,而通过改变景观配置和结构来缓解热岛的研究相对较少。本章基于 CFD 仿真模拟技术模拟评估不同城市"蓝绿空间"形态对周围环境热岛效应的缓解作用,以期为未来城市"蓝绿空间"的景观设计提供参考。

第二节　研究方法

一、几何建模

　　本研究通过 FLUENT15 的前处理模块 GAMBIT2.4 建立几何模型。具体绘制过程中代表乔木的模型为:高 3 m、直径 0.3 m 的圆柱体作为树干,高 4 m、长宽各 6 m 的长方体代表树冠(刘艳红等,2012);城市水体的表现形式主要有湖泊、江河和人工水池,考虑到水体形状较为复杂,在对水体建模时需人工整合较为突兀的部分,形成较为规整的外形。

二、湍流模型

本书选择常用的标准 k-ε 模型进行数值模拟,该模型在数值计算中波动小、精度高,在低速湍流数值模拟中应用广泛(Takahashi et al.,2004)。该模型所涉及的控制微分方程包括:连续性方程、动量方程、能量方程和湍流运输方程,各方程表达式分别为:

(1) 连续方程。

$$\frac{\partial \rho}{\partial t} + \mathbf{\nabla}(\rho \bar{v}) = 0 \tag{7-1}$$

(2) 动量方程。

$$\frac{\partial(\rho u)}{\partial t} + div(\rho u \bar{v}) = -\frac{\partial \rho}{\partial x} + \frac{\partial \tau_{xx}}{\partial x} + \frac{\partial \tau_{xy}}{\partial y} + \frac{\partial \tau_{xz}}{\partial z} + F_x \tag{7-2}$$

$$\frac{\partial(\rho v)}{\partial t} + div(\rho v \bar{v}) = -\frac{\partial \rho}{\partial y} + \frac{\partial \tau_{xy}}{\partial x} + \frac{\partial \tau_{yy}}{\partial y} + \frac{\partial \tau_{yz}}{\partial z} + F_y \tag{7-3}$$

$$\frac{\partial(\rho w)}{\partial t} + div(\rho w \bar{v}) = -\frac{\partial \rho}{\partial z} + \frac{\partial \tau_{xz}}{\partial x} + \frac{\partial \tau_{yz}}{\partial y} + \frac{\partial \tau_{zz}}{\partial z} + F_z \tag{7-4}$$

(3) 能量方程。

$$\frac{\partial(\rho T)}{\partial t} + \frac{\partial(\rho u T)}{\partial x} + \frac{\partial(\rho v T)}{\partial y} + \frac{\partial(\rho w T)}{\partial z}$$

$$= -\frac{\partial}{\partial x}\left(\frac{k}{c_p}\frac{\partial T}{\partial x}\right) + \frac{\partial}{\partial y}\left(\frac{k}{c_p}\frac{\partial T}{\partial y}\right) + \left(\frac{k}{c_p}\frac{\partial T}{\partial z}\right) + S_T \tag{7-5}$$

(4) 湍流运输方程。

$$\frac{\partial(\rho \phi)}{\partial t} + div(\rho \bar{v} \phi) = div(\Gamma grad \phi) + \left[-\frac{\partial(\rho u' \phi')}{\partial x} - \frac{\partial(\rho v' \phi')}{\partial y} - \frac{\partial(\rho w' \phi')}{\partial z}\right] + S$$

$$\tag{7-6}$$

式中：

ρ 为流体密度，单位为 m^3/s；

t 为时间，单位为 s；

$\bar{v}$ 为速度矢量，单位为 m/s；

p 为流体微元体上的压力，单位为 N；

τ 为黏性应力，单位为 N；

F 为微元体体积，单位为 m^3；

C_p 为比热容，单位为 $kJ \cdot kg/K$；

T 为温度，单位为 ℃；

k 为流体的导热系数，单位为 $W \cdot m^2/K$；

S_T 为黏性耗散项；

ϕ' 为通量变量；

Γ 为广义扩散系数；

S 为广义源项。

三、网格生成

对计算区域进行网格划分是模拟计算最重要的一步，且网格划分质量将直接影响数值模拟结果的可靠性。由于本次模拟所涉及的样地难以用结构化网格划分，本研究使用非结构混合网格对模拟区域进行网格划分。

四、边界条件

1. 来流边界条件

模拟分析时，按大气边界层理论设置来流风速，不同高度风速不同，且沿植物和建筑高度方向按阶梯递增。风速的计算公式如式(7-7)所示。

$$V_h = V_0 \left(\frac{h}{h_0} \right)^n \tag{7-7}$$

式中：

V_h 为高度为 h 处的风速，单位为 m/s；

V_0 为基准高度 h_0 处的风速，单位为 m/s；

n 为地面粗糙度指数，此值与建筑周围地貌相关，本研究的区域为市中心，此值取 0.3。

2. 出流边界条件

模拟区域出流边界按自由出口设定。

3. 顶面边界条件

因为本书选取的计算区域较大，故顶面边界可设为自由滑移表面。

4. 壁面边界条件

建筑物表面和地面是固定的，故采用无滑移的壁面条件。

第三节　基于 CFD 技术的城市"蓝绿空间"冷岛效应模拟分析

一、城市水体冷岛效应模拟分析

在城市水体冷岛效应模拟中，设定模拟时间为 2015 年 8 月 3 日上午 10:00，太阳直射辐射量为 862 w/m²，散射辐射量为 118 w/m²，室外温度取 311 k；太阳入射系数为 1.0，地面反射率为 0.2，入口风速为 3.4 m/s，水体密度为 1 000 kg/m³，导热系数为 0.612 W·m²/k。

本研究选择城市内常见的湖泊和河流两种水体形式进行模拟，将湖泊分为边缘不规则式（LSI 大）和边缘规则式湖泊（LSI 小）两种类型，即共 3 种布局形式水体：LSI 大湖泊（A），LSI 小湖泊（B）和河流（C）。然后经过 GAMBIT 软件对上述 3 种不同布局形式的水体进行混合网格划分后，划分的网格总数分别为 42 万、39 万和 38 万，所有网格的扭曲率均小于 0.67，网格质量良好。经过迭代运算,输出距地面高度为 2 m 和 5 m 高度水平上的温度场及风场。

1. 水体周围温度场分析

在设定边界温度相等的条件下,经热交换后温度较低并趋于均匀的区域内部热交换充分,水体对周边环境的影响能力较强;若周边温差较大,表明研究区内部热交换能力较弱,水体对周边环境影响较弱。

为验证水体对不同高度温度场分布的影响,将模拟区的温度划分为高温区(高于 310.8 K)、中温区(310.3—310.8)、低温区(低于 310.3),统计每个温度区所占的面积比。

根据不同水体布局形式分别在 2 m 和 5 m 高度上的温度场模拟结果(图 7.1)可知:水体对低空温度的缓解作用强于高空,且越往高空,不同形态的水体降温差异越小。其原因是由于蒸腾作用是影响水体降温的主要因素,且越靠近水面水体的蒸腾作用越显著,对周边温度的缓解作用越强。

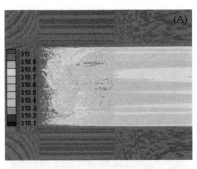
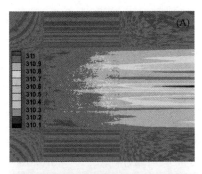
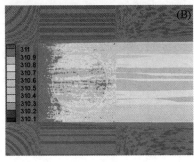
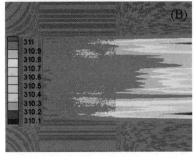

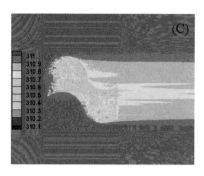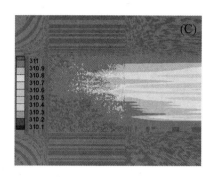

图7.1 不同水体形态在不同高度的温度场模拟。左:2 m,右:5 m

根据图7.1,面状水体对周围环境的冷岛效应强于线状河流,表明面状水体与周围热交换更频繁,对周围环境降温效果明显,且面状水体的形状越复杂,对周围区域温度的影响越显著。其原因是水体形状越复杂,水体与外界接触面越大,即与外界的热交换面积越大,对周围环境的冷岛效应越强。根据上述研究结果可知,不同类型水体冷岛效应由强到弱的顺序依次为:LSI 大湖泊>LSI 小湖泊>河流。

表7.1 不同水体形态在2 m和5 m处温度分区

高度	水体形态	平均温度/K	低温区%	中温区%	高温区
2 m	LSI 大湖泊	310.335	6.37	77.24	16.39
	LSI 小湖泊	310.439	4.25	72.94	22.81
	河流	310.627	1.72	73.90	24.38
5 m	LSI 大湖泊	310.551	3.22	70.02	26.76
	LSI 小湖泊	310.576	3.74	69.13	27.13
	河流	310.657	2.35	60.19	27.46

2. 水体周围速度场分析

利用CFD进行热环境模拟是将风环境作为城市热环境变化的主要流通手段。而且实际情况中城市热岛效应也主要依靠通风状况来缓解。

在设定入口风速一致的情况下,出口方向风速越大,表明水体与外界的热交换能力越强。

从不同形式水体的风速场模拟图(图 7.2)可知,出口风速的大小为:LSI 大湖泊＞LSI 小湖泊＞河流,该结论与温度场模拟结论一致。即 LSI 大湖泊对周围环境的降温作用最显著,总体温度较低,出口方向风速较大。线状河流的对周围环境的降温作用较弱,出口方向风速较低。

综上所述,不同类型水体对周围环境的冷岛效应结果如下:面状水体对周围环境的冷岛作用强于线状水体;且 LSI 大的面状水体对环境的冷岛效应更强,影响范围更大。

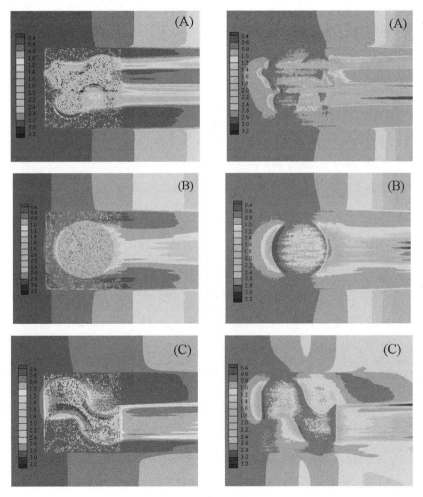

图 7.2　不同水体布局形式在不同高度的速度场模拟。左:2 m,右:5 m

二、城市绿地冷岛效应模拟分析

城市绿地冷岛效应模拟分析中,除所有材料参数不同外,其余基本设置与水体一致。绿地密度为 950 kg/m³,导热系数为 0.42 W·m²/k。

对于绿地的布局形式,本研究选择城市内常见 4 种绿地类型:点状绿地(D)、条带状绿地(E)、放射状绿地(F)和楔状绿地(G)作为模拟对象。经过GAMBIT 软件对 4 种不同形式的绿地进行混合网格划分后,植物表面划分的网格总数分别为 45 万、38 万、36 万和 31 万,所有网格的最大倾斜率均小于 0.74,网格质量良好。

1. 绿地周围温度场分析

在设定边界温度相等的条件下,经过热交换后温度较低并趋于均匀的区域内部热交换充分,绿地对周围环境的影响能力较强;若周围温差较大,表明研究区内部热交换能力较弱,绿地对周边环境影响较弱。

为验证绿地形态对不同高度温度场分布的影响,将模拟区的温度划分为高温区(高于 310.8 K)、中温区(310.3—310.8 K)、低温区(低于 310.3 K),统计每个温度区所占的面积比。

根据不同绿地形式在 2 m 和 5 m 高度上的温度场模拟图 7.3 和在不同高度处的平均温度表 6.2 可知:随着高度的升高,植被对周围环境的降温效果显著增强,风速显著增大,但随着高度的升高,不同类型绿地对周围环境的降温效果差异越小。其原因是绿地对周围气温的影响主要通过绿地与周围的气流交换实现,距离地面越远处风速越大(Sugawara et al.,2016)。2 m 高度上低温区主要位于绿地分布区域,这是由于近地表风速较小,绿地对周围环境的降温效果主要是通过本身的阴影实现。风速是影响这种交换的主要因素,在 5 m 高度上风速变大,风对周围温度的影响变大,因此绿地对周围环境的降温效果强于 2 m 高度,低温区主要分布在绿地的下风向。

根据表 7.2 可知,各高度上平均气温由高到低的绿地顺序为:条带状>

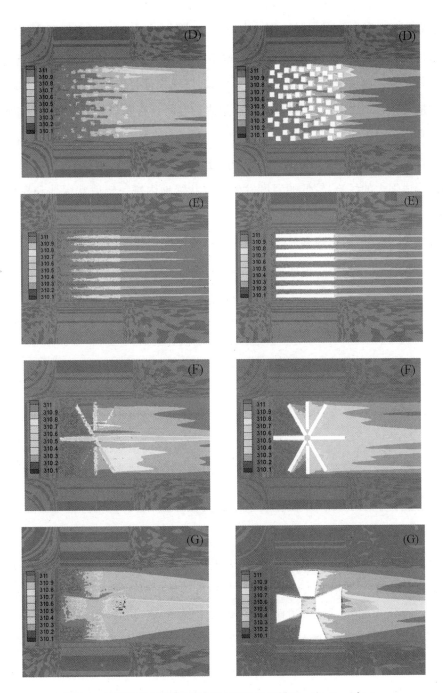

图 7.3 不同绿地形态在不同高度的温度场模拟。左:2 m,右:5 m

点状>放射状>楔状。结合图 7.3 和表 7.2 可知,带状绿地低温区所占比例最低,高温区所占比例最高,即带状绿地的降温效果最差,但带状绿地两条绿带形成的廊道里,具有明显的低温区域,该现象符合景观生态学中的廊道效应理论,带状绿地仅对其所形成廊道内的空间具有明显的降温效果,对周围环境降温效应较弱。

点状绿地高温区比例略高,这是由于点状绿地分布较为分散,绿地间难以形成强大的气流,较低的温度发生在点状绿地内部。辐射状绿地和楔状绿地所形成的温度场较为相似,两者在低温区和中温区具有较高比例,高温区较少,是缓解城市热岛效应的理想绿地模型。但楔状绿地能形成更明显的冷源,且在绿地的下风向形成大面积的冷岛区域。

表 7.2　不同绿地形态在 2 m 和 5 m 高度处平均温度及温度分区

高度	绿地形态	平均温度/K	低温区%	中温区%	高温区%
2 m	点状	310.641	0.15	72.50	27.35
	条带状	310.734	0.36	68.90	30.74
	放射状	310.573	3.39	75.29	21.32
	楔状	310.420	5.96	76.13	17.91
5 m	点状	310.423	4.03	75.84	20.13
	条带状	310.515	5.95	73.71	20.34
	放射状	310.401	6.72	74.03	19.25
	楔状	310.391	9.53	74.10	16.37

2.绿地周围速度场分析

在设定入口风速一致的情况下,出口方向风速越大,绿地与外界的热交换能力越强,一般情况下风速大的区域对应的是模拟区域内的低温区域。

从不同绿地布局形式的风速场模拟图(见图 7.4)可知,出口风速的大小为:楔状绿地>放射状绿地>点状绿地>带状绿地,该结论与温度场模拟结论一致。即,楔状绿地对周围环境的降温作用最显著,总体温度较低,出口方向风速较大。放射状、点状次之,但点状绿地的风速场内部漩涡最明显,

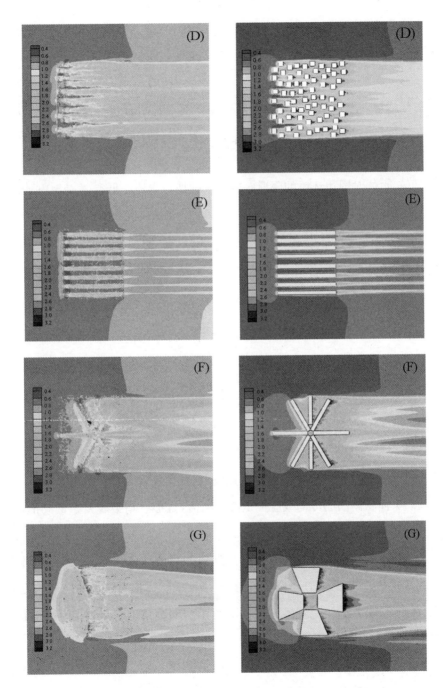

图 7.4 不同绿地形态在不同高度的风速场模拟。左:2 m,右:5 m

即点状绿地对周边小范围的降温效果最明显,可作为改善局部小气候的重要手段。

综上所述,不同类型绿地冷岛效应由强到弱的顺序依次为:楔状绿地>放射状绿地>点状绿地>带状绿地。即楔状绿地对环境的冷岛效应最强,影响范围最大;点状绿地冷岛效应虽然较弱,但对周围小范围的冷岛效应最显著;带状绿地对所形成的廊道内环境的冷岛效应最强。根据表 7.1 与表7.2 可知水体对周边环境的降温效应强于绿地。水体在低空(<2 m)对热环境的缓解能力强于绿地,绿地在高空(>5 m)对热环境的缓解能力强于水体。因此在景观设计中,设计水体与绿地的组合,能分别在横向和纵向上增强其缓解周边环境的热岛效应。

第四节　本　章　小　结

本章应用 CFD 仿真技术对城市"蓝绿空间"冷岛效应进行模拟,并对模拟结果进行详细分析。

通过对不同形态的城市"蓝绿空间"冷岛效应进行数值模拟,发现不同形态的城市"蓝绿空间"冷岛效应差别较大,具体表现为:

(1) 面状湖泊的冷岛效应强于线状河流,且形状指数越复杂的湖泊,冷岛效应越强。

(2) 不同形态绿地冷岛效应由强到弱的顺序均依次为:楔状>放射状>带状>点状,且越往高空差异越小。即:楔状绿地对环境的冷岛效应最强,影响范围最大;点状绿地对周围小范围内的冷岛效应最显著;带状绿地对所形成的廊道内的冷岛效应最强。

因此在今后的景观规划设计中,如果条件允许,可将楔状绿地和面状水体作为城市"蓝绿空间"建设的首要布局形式,并构建城市"蓝绿空间"网络生态系统,充分发挥城市"蓝绿空间"对热岛效应的缓解作用;点状绿地形态较为自由,对改善局部小气候具有重要作用,可在住宅小区内采用点状形式;带状"蓝绿空间"可形成城市的通风廊道,加强城市内部与外部的气流交换,增强城市的透风性,应设置与主导风向一致的道路绿化等,且在河道周围预留足够的缓冲区,充分发挥其"冷带廊道"效应。

(3)水体与绿地混合配置对热岛效应的缓解作用强于水体,而水体对热岛效应的缓解作用强于绿地。因此在城市规划设计中应多设计滨水绿化走廊,从而形成可有效分割建筑组团的蓝绿网络系统,起到预防及控制热岛效应的作用。

第八章
城市"蓝绿空间"对人体舒适度的影响

第一节 前 言

随着城市化进程的加快,城市数量、规模的不断扩大,城市内生态环境对居民的重要性不断增加。城市人口密集、土地资源有限、水资源短缺、人工建筑不断增加、城市"蓝绿空间"面积匮乏,影响居民的人居环境。若城市"蓝绿空间"面积过大,这会严重占据城市内宝贵的土地资源,影响城市经济效益,同时也需要大量的水资源。相反,如果城市"蓝绿空间"面积过小,则降低城市品位,影响居民的居住环境,进而将直接影响城市的招商引资、城市社会经济的可持续发展。因此,在城市有限的土地资源上合理规划"蓝绿空间",使城市居民人居环境达到比较舒适的水平,具有重要的理论价值及现实意义。

人体热舒适性的表达通常被表述为实验者对所处热环境的满意程度,是一种主观感受。然而人体对热环境舒适性的表述常常不够准确,且无法量化热舒适性的不同程度,因此如何量化热环境对人体热舒适性的影响是当前的研究热点。关于人体舒适度的研究可划分为两个阶段,第一阶段,多侧重于定性描述阶段;第二阶段,为定量计算阶段,从人体热平衡角度探究人体机能对热环境的具体感受。霍顿和雅各顿(Houghten and Yagton,

1923)根据人体在不同气象(如:温度、风速、湿度等)条件下所产生的热感觉指数提出了实感气温。1951年韦泽尔(Wezler)和洛茨(Lots)描述了气流对人体舒适度的影响(夏廉博,1986)。1959年,美国气象学家汤姆(Thom)提出不适指数(DI), $DI=0.72(T_a+T_w)+40.6$,式中 T_a 为气温, T_w 为湿球温度(Thom,1959)。后来进一步发展为美国国家气象局用于夏季舒适度及工作时数预报的温湿指数(Thermal Humidity Index. THI),该指数被广泛应用(Sogaard,1978)。黄海霞等(2008)应用该指数探究南京市市中心小气候日变化特征规律,及其对人体舒适度的影响。吴仁武等人(2019)应用该指数,探究杭州临安竹类植物微气候特征,及其不同竹类植物配置对人体舒适度的影响。后来以美国生物气象学家斯特德曼(Steadman)提出的感热温度理论最为完善,并得到公认(Steadman,1994)。他以人体热平衡方程为基础,充分考虑了人体代谢的产热和失热等要素,提出温热条件下的热平衡方程。接下来许多人体舒适度评价指标均是以此为基础,调整计算出来的。由于社会和经济发展需要,国内也开展了许多关于人体舒适的研究,并取得了一定的进展。冯定原等(1990)依据斯特德曼的感热温度理论,定量计算了我国各地司机感热温度的分布变化,首次设计人体舒适度的研究应用。北京市气象局自1997年开始发布人体舒适度指数预报,其模型为: $DI=1.8T+0.55(1-RH)+32-32\sqrt{V}$,式中 T 为温度(℃)、RH 为相对湿度、V 为风速(刘梅等,2002)。利用该指数,可为北京市民提供每天的生活指标。

当前对人体舒适度的研究方法主要包括两种:数值模拟法和定点监测法。当前常用的人体舒适度的评价指标有:生理等效温度(PET)、通用热气候指数(UTCI)以及室外标准有效温度(OUT_SET*)。许多学者通过上述模型,进行数值模拟,量化人体舒适度的感受。如:萨明(Sharmin,2019)应用PET等对热带城市达卡的夏季室外热舒适性进行研究,研究结果显示,研究结果得出该地区夏季室外热舒适度范围约在 29.5℃—32.5℃之间。定点监测法可更准确直接地探讨不同气候区居民对热舒适性的感知、量化热舒适性区间范围,及探寻影响热舒适性的影响因子。如:杨凯等(2004)应用定点测量的方法对上海中心城区水体周边的人体舒适度进行了研究,研究结果表明河流上下风向湿度差为 4%—8%,温差为 1.5 ℃—2 ℃,水体对提升人体舒适度具有较显著的作用。

当前国内学者对人体舒适度影响的研究多集中在大范围的尺度上,如对省级旅游的舒适度,或某一城市人体舒适度等进行分级并研究,对微观尺度的人体舒适度研究较少。本研究将对微观尺度范围(某一水体或绿地)的人体舒适度进行研究。

上海在社会经济高速发展和城市化快速进程过程中,由于土地资源有限,大量的城市水体空间被侵占。调查结果显示,上海市中心城区河道被人为侵占、填埋,目前中心城区水面率不足 2%,直接影响城市微气候的调节(周建国和黄力士,2003)。本研究选择上海市中心城区 3 条河流、6 个湖泊、9 块绿地作为研究对象,研究不同类型的水体、绿地对周围环境中人体舒适度的影响,探寻夏季对人体最适宜的城市"蓝绿"空间类型。

表 8.1　样地概况

样地编号	样地名称	样地面积/ * 10⁴ m²	样地形状
1	中环家园(北区)	0.23	LSI 大湖泊
2	中凯城市之光	0.72	LSI 大湖泊
3	静安枫景苑	0.19	LSI 大湖泊
4	蔚蓝城市花园	0.02	LSI 小湖泊
5	康健丽都	0.16	LSI 小湖泊
6	陆家嘴花园	0.14	LSI 小湖泊
7	张家浜(嘉德公寓附近)	—	线状河流
8	川杨河(南新四村附近)	—	线状河流
9	苏州河(中泰公寓附近)	—	线状河流
10	不夜城公园	3.19	点状绿地

样地编号	样地名称	样地面积/ * 10⁴ m²	样地形状
11	四川北路公园	4.90	点状绿地
12	桂林公园	3.99	点状绿地
13	南京西路绿地	0.67	带状绿地
14	碧云体育公园	6.97	带状绿地
15	桃浦中央绿地	25.28	带状绿地
16	大宁郁金香公园	57.80	面状绿地
17	世纪公园	143.33	面状绿地
18	上海植物园	79.80	面状绿地

第二节　研　究　方　法

一、测点布置及样地概况

1. 样地概况

为尽量消除"蓝绿空间"叠加效应的影响,本研究选择在样地周围 1 公里范围内,无其他"蓝绿空间"的绿地或水体为研究对象。依据前文的研究及上海市"蓝绿空间"的现状,本研究选择上海市中心城区 3 条河流、6 个湖泊(3 条 LSI 大湖泊、3 条 LSI 小湖泊)、9 块绿地(3 个点状绿地、3 个带状绿地、3 个面状绿地)作为研究对象(见图 8.1),各监测样地的情况如表8.1 所示。

2. 测点布置

本研究对每个样点一般各布置 4 个监测点,对其空气温度和湿度进行观测。为观测城市"蓝绿空间"对人体热舒适性的影响,且消除风向的影响,本研究统一选择在样地的下风向进行测点布置。以 5 m 为间隔,分布在距"蓝绿空间"边缘 5 m\10 m\15 m\20 m 的地方设置样点,共设置 4 个样点

（吴仁武等，2019）。监测点位示意图如图 8.2 所示。

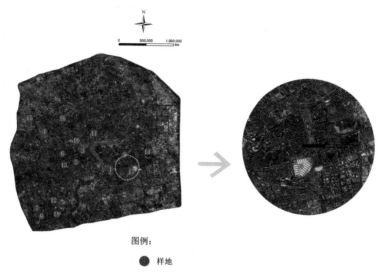

图例：

● 样地

图 8.1 研究样地区位示意图

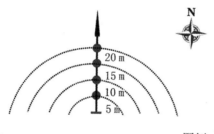

图例：

— 样地边界

● 监测点

图 8.2 监测样点示意图

二、监测方法

本研究温湿度测定采用 Tes1365 温湿度仪，温湿度的灵敏度分别为 0.1 ℃和 0.1%。在实验开始前，将温湿度仪送专业气象仪器检测单位进行校准，以确保后期检测数据准确。

在 2020 年 7 月 27 日—2020 年 8 月 30 日间,选择晴朗、无风(风速＜3 m/s)的天气进行定点监测。在距离地面 1.5 m 处,每天 09:00—18:00 间,采用温湿度自动记录仪,监测频率为 30 min,测定空气温度和相对湿度(杨凯等,2004)。

三、人体舒适度计算方法

人体舒适度指数是从气象学角度评价人体在不同气象环境中舒适度的感受的一项指标(刘梅等,2002)。人体舒适度的状况对人体健康具有重要影响,在城市气象服务中具有重要地位。人体舒适度对人体的体温调节、消化器官、内分泌系统及平衡机能等生理功能具有较大的影响(Huizenga et al., 2001;Park, 2012)。根据前人的研究表明风速、温度、湿度等三种气象要素,对人体舒适度影响最大(Giannopoulou et al., 2014;Coutts et al., 2016)。本研究选择由汤姆(Thom)提出的温湿指数(Temperature Humidity Index,THI),将其作为反映各气象条件下,人体不舒适度的指数,其表达式为:

$$THI = T - 0.55(1 - 0.01RH)(T - 14.5) \tag{8-1}$$

式中,T 表示为空气温度(℃),RH 为空气相对湿度(%)。其等级标准如表 8.2 所示。

表 8.2　*THI* 与人体舒适度

温湿指数 *THI*	人体舒适度	评价
＞30	酷热	无降温措施难以工作
26.5＜*THI*＜30	很热	很不舒适
20.0＜*THI*＜26.5	热	不舒适
15＜*THI*＜20	舒适	舒适

第三节　上海市中心城区水体对人体舒适度的影响

一、湖泊温湿效应分析

　　根据图 8.3 可知,上海市夏季温湿度的变化曲线呈抛物线状,温度曲线在每天 14 点左右达到最高值,湿度曲线在 15 点左右达最低值。且湖泊对周围环境具有显著的降温增湿作用。距离湖泊越远,周边环境温度越高,湿度越低;反之,距离水体越近,周边环境温度越低,湿度越大。

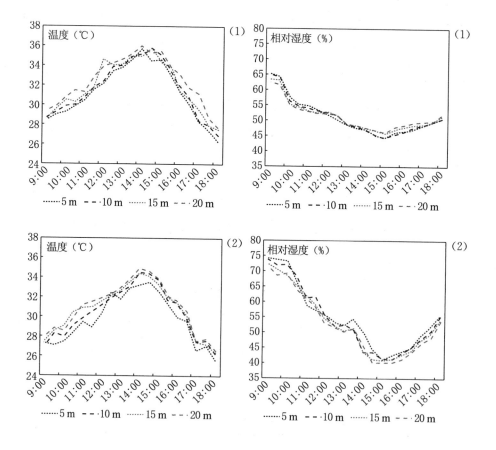

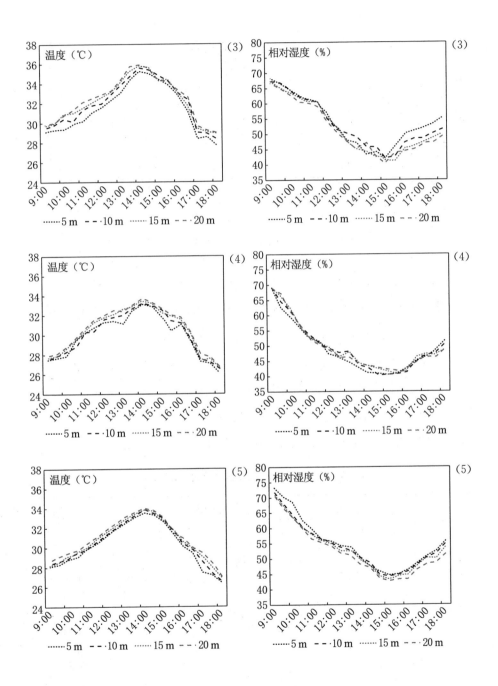

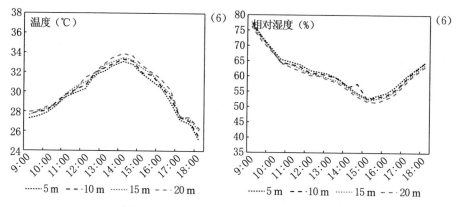

图 8.3　不同湖泊周边四点温湿度变化曲线

　　表 8.3 显示,LSI 大湖泊平均可降低周围环境 2.9 ℃,湿度增加 4.0%;LSI 小湖泊平均可降低周围环境 3.2 ℃,湿度增加 1.7%。即:湖泊对人体舒适度具有较好的改善作用;距离水体越近,人体舒适度越好,且 LSI 大湖泊对人体舒适度的提升作用,强于 LSI 小湖泊。原因可能是由于,LSI 大湖泊,水体面积较大,因此其改善周围环境小气候效应明显,对人体舒适度改善作用显著。该结论与杨凯等(2004)研究相一致,即:水体面积越大,对周围环境降温增湿作用越强,改善小气候效应越显著。

表 8.3　不同水体周围环境温湿指数(THI)分析

样地编号	日均温度/℃	日均相对湿度/%	平均温湿指数				舒适度改善作用
			5 m	10 m	15 m	20 m	
1	34.2	47.5	26.72	26.98	27.19	27.60	显著
2	33.8	49.4	25.92	26.35	26.50	26.61	显著
3	35.1	48.6	27.07	27.44	27.51	27.61	显著
4	33.3	48.3	25.55	25.77	26.00	26.11	显著
5	34.2	50.5	26.28	26.41	26.48	26.56	显著
6	33.1	55.8	26.46	26.67	26.74	26.85	显著
7	34.7	49.6	27.99	28.13	28.30	28.42	较显著
8	33.2	51.6	26.97	27.06	27.19	27.36	较显著
9	32.2	51.2	26.65	26.81	26.96	26.99	较显著

二、河流温湿效应分析

上海市中心城区河流周边用地类型常为居民住宅区,因此河流的温湿效应主要是指居民住宅区周围水体的温湿效应。根据图 8.4 可知,河流对周围环境具有一定的降温增湿作用,能显著降低周围环境的温度,且距离河流越近,降温效果越显著。同时,也能显著增加周围环境的湿度,距离河流越近,增湿效果越显著。

根据表 8.4 可知,河流平均可降低周围环境 2.3 ℃,湿度增加 1.3%。河流对改善人体舒适度作用比湖泊弱。其原因可能是由于河流样地所处的周围环境为密集的建筑群,高层建筑改变了空气自然流动的状况,影响了

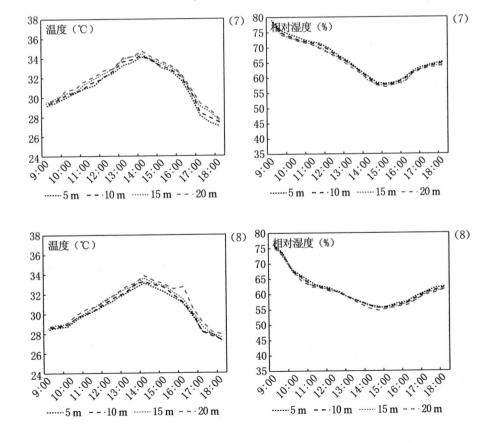

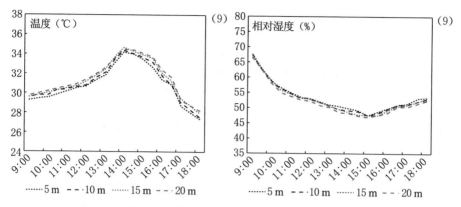

图8.4 不同河流周围四点温湿度变化曲线

河流在自然环境状态下的小气候效应,造成河流对周围环境的温湿作用较弱,因此导致河流对改善人体舒适度作用比湖泊弱。

三、水体对人体舒适度的影响分析

根据上述研究结果显示,水体对周围环境具有一定的降温作用,同样也具有比较强的增湿作用。随着距离水体距离的增加,降温增湿作用减弱。且湖泊对于人体舒适度的改善作用强于河流,LSI大湖泊对人体舒适度的改善作用强于LSI小湖泊。湖泊对于人体舒适度的改善作用强于河流的原因可能是相较于河流而言,湖泊与周围环境的接触面积较大,气流交换较多,冷岛效应更强,因此其对人体舒适度的改善作用更强(Du et al.,2016)。

根据表8.3可知,当环境温度高,湿度低时,水体对人体舒适度的改善作用明显,当周围温度高,湿度大时,水体对于人体舒适度的影响不显著。原因是,水体虽然能够降低周围的环境温度,但同时增大了周围环境的湿度,进而影响其提升人体舒适度的作用。

第四节　上海市中心城区绿地对人体舒适度的影响

一、点状绿地温湿效应分析

　　根据表 8.4 和图 8.5 可知,点状绿地对周围环境的降温增湿效应显著,平均可降低周围环境 2.8 ℃,湿度增加 3.0%。随着距离绿地距离越远,绿地的降温增湿效果越差。点状绿地对周围环境的降温增湿作用较为显著,其原因可能是由于点状绿地面积虽然不大,但边界形态较为复杂,绿地与周围环境的温湿交换较多,接触面较大,因此其温湿效应强于与周围环境接触面较小的带状绿地,稍弱于与面积较大,与周围环境接触面大的面状绿地。

表 8.4　不同绿地周围环境温湿指数(THI)分析

样地编号	日均温度/℃	日均相对湿度/%	平均温湿指数				舒适度改善作用
			5 m	10 m	15 m	20 m	
10	33.9	53.4	26.71	26.78	26.95	27.23	显著
11	34.1	52.7	27.12	27.20	27.32	27.36	显著
12	33.5	56.5	27.06	27.14	27.21	27.27	显著
13	33.7	49.6	26.86	26.97	27.08	27.13	较显著
14	33.5	50.7	26.74	26.91	26.97	27.01	较显著
15	33.3	50.5	26.61	26.70	26.71	26.81	较显著
16	33.7	58.8	27.93	27.89	28.04	28.21	显著
17	34.2	58.3	26.54	27.05	27.26	27.42	显著
18	33.1	55.7	26.10	26.27	26.34	26.49	显著

二、带状绿地温湿效应分析

　　根据表 8.4 和图 8.6 可知,带状绿地对周围环境的降温增湿效应显著,平均可降低周围环境 2.1 ℃,湿度增加 1.8%。随着距离绿地距离越远,绿地的降温增湿效果越差。相比点状绿地和面状绿地而言,带状绿地的温湿

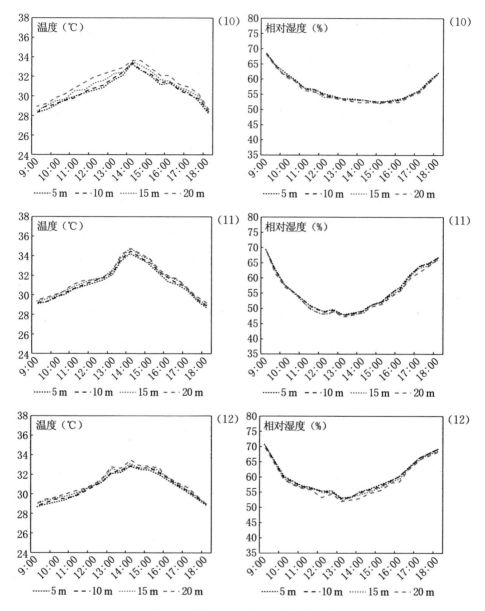

图8.5 点状绿地四点温湿度变化曲线

效应最弱。其原因可能是由于带状绿地边界整齐,近乎为直线型,因此绿地与周围环境的温湿度交换较少,接触面积较少,进而影响了其温湿效应。

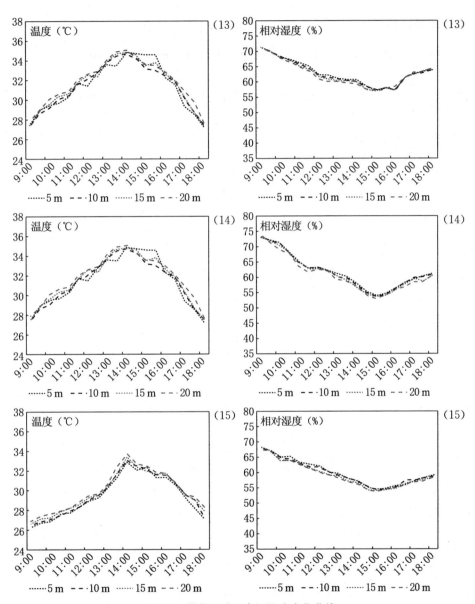

图 8.6 带状绿地四点温湿度变化曲线

三、面状绿地温湿效应分析

根据表 8.4 和图 8.7 可知,面状绿地对周边环境的降温增湿效应最为显著,平均可降低周边环境 3.1 ℃,湿度增加 3.8%。随着距离绿地距离越远,绿地的降温增湿效果越差。面状绿地的温湿效应最强,其原因可能是由于

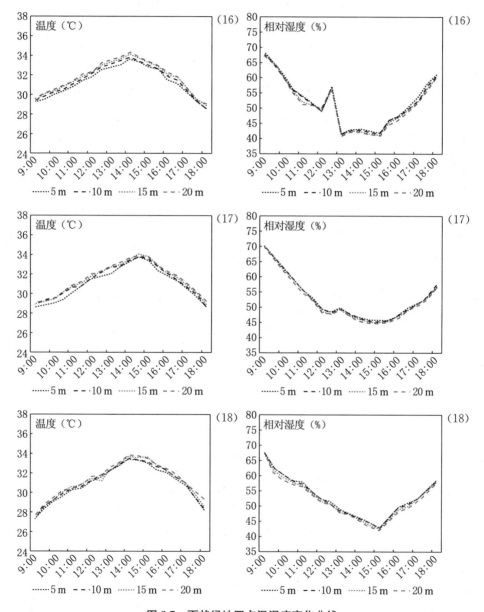

图 8.7 面状绿地四点温湿度变化曲线

面状绿地面积最大,且边界形态复杂,与周边环境温湿度交换较多,接触面积大,因此其温湿效应最为显著。

四、绿地对人体舒适度的影响分析

根据上述研究结果显示,绿地对周围环境具有显著的降温增湿效应,且对人体舒适度具有显著改善作用。且随着距离绿地越远,降温增湿效应越弱,对人体舒适度的改善作用越弱。不同形状绿地对周围环境的降温增湿作用及对人体舒适度改善效果有所差异,由强到弱的顺序依次为:面状绿地＞点状绿地＞带状绿地。该结论与城市"蓝绿空间"冷岛效应研究结果相吻合。面状绿地(即:放射状或楔状绿地)由于绿地面积较大,因此对周围环境的降温增湿效果最好。根据城市"蓝绿空间"冷岛效应研究结果可知,点状绿地对周边范围内小气候影响较大,与本章研究结果相符,即点状绿地对周围环境的小气候效应强于带状绿地。根据城市"蓝绿空间"冷岛效应研究结果可知,带状绿地对其所形成的廊道内的环境具有较好的小气候效应,但对周边环境的降温效应一般,因此与本节研究结果相一致。

根据表 8.3 与表 8.4 的研究结果可知,城市湖泊对人体舒适度的改善作用最强(LSI 大湖泊＞LSI 小湖泊),其次是面状绿地、点状绿地、带状绿地,最后是河流。湖泊对人体舒适度的改善作用最强是因为上海市中心城区的湖泊常处于公园绿地内,因此湖泊对人体舒适度的改善作用,实则有绿地的叠加作用,因此"蓝绿"相结合的模式,对人体舒适度的改善作用最强。而本章研究结论显示:城市河流对人体舒适度的改善作用弱于城市绿地。该结论与城市"蓝绿空间"冷岛效应研究结论相反。其原因为:城市"蓝绿空间"冷岛效应主要研究绿地和河流的降温作用,冷岛效应越强,证明其对周边环境的降温作用越显著。根据第五、六章研究结果可知,河流的冷岛效应强于绿地,即表明河流对周边环境的降温作用强于绿地。但人体舒适度的研究不仅限于其降温作用,舒适度的感受与周边环境的湿度同样具有很大关系。

尤其是上海市属于亚热带季风气候,夏季处于高温高湿状态,因此湿度的增大,会进一步地降低人体舒适度的感受。通过本章节研究结果可知,河流比绿地具有更显著的增湿作用,因此河流改善人体舒适度的作用弱于绿地。

第五节 本章小结

本章选择上海市中心城区3条河流、6个湖泊、9块绿地作为研究对象,研究不同类型的水体、绿地对周围环境中人体舒适度的影响,探寻夏季对人体最适宜的城市"蓝绿空间"类型。研究结果显示:

水体对周围环境具有一定的降温作用,同样也具有比较强的增湿作用。随着距离水体的增加,降温增湿作用减弱。且湖泊对于人体舒适度的改善作用强于河流,LSI 大湖泊对人体舒适度的改善作用强于 LSI 小湖泊。其中,LSI 大湖泊平均可降低周围环境 2.9 ℃,湿度增加 4.0%;LSI 小湖泊平均可降低周围环境 3.2 ℃,湿度增加 1.7%;河流平均可降低周围环境 2.3 ℃,湿度增加 1.3%。

绿地对周围环境具有显著的降温增湿效应,且对人体舒适度具有显著改善作用。且随着距离绿地越远,降温增湿效应越弱,对人体舒适度的改善作用越弱。不同形状绿地对周围环境的降温增湿作用及对人体舒适度改善效果有所差异,点状绿地可降低周围环境 2.8 ℃,湿度增加 3.0%;带状绿地可降低周围环境 2.1 ℃,湿度增加 1.8%;面状绿地可降低周围环境3.1 ℃,湿度增加 3.8%。由此可知,绿地对人体舒适度改善效果由强到弱的顺序依次为:面状绿地>点状绿地>带状绿地。

基于上述结果可知,城市"蓝绿空间"对人体舒适度改善作用由强到弱的顺序依次为:LSI 大湖泊>LSI 小湖泊>面状绿地>点状绿地>河流>带状绿地。

　　上海市属于亚热带季风气候,夏季处于高温高湿状态,湿度的增大,会降低人体舒适度的感受,因此在进行提升城市热环境状况的规划设计时,不同地区,不同气候带,要依据自身的气候特点,进行规划设计。并非所有地区都适合应用增大水体或绿地面积的方法来提升人体舒适度。

第九章
增强城市"蓝绿空间"冷岛效应的规划对策研究

第一节　前　　言

城市"蓝绿空间"是城市生态系统的重要组成部分,对城市热环境具有重要影响。优化城市"蓝绿空间"布局,对改善城市热环境、提高居民生活质量具有重要意义。

为缓解城市热岛效应,国内外学者提出了许多治理对策,如:增加绿地、水体面积(张昌顺等,2015)、使用高反射率材料(Rosenzweig et al.,2006)以及提倡节能减排等(Yamda,2000)。然而城市土地资源有限,不能无限扩大水体和绿地的面积,其他措施却仅能被动控制热岛效应增量,无法主动降低城市热岛效应。因此,优化城市"蓝绿空间"布局使其冷岛效应最大化,对城市和居民具有更现实的意义。

计算机技术的发展为城市热环境模拟预测提供了新方法。当前已有学者应用CFD模拟仿真技术对城市热环境进行模拟分析。应用CFD仿真模拟技术对中国香港地区绿地冷岛效应进行的模拟研究发现,绿地面积比例为30%时冷岛效应最强(Ng et al.,2012)。对新加坡公园及其周边环境进行的模拟分析显示,公园对周围环境的降温效果可达1.3 ℃(Yu et al.,

2006)。应用 CFD 技术对夏季校园绿地的冷岛效应进行模拟,校园内的绿地在夏季下午 3 点左右能将周围环境温度降低 2.27 ℃(Srivanit et al.,2013)。由此可知,CFD 仿真模拟技术在城市热环境模拟预测中得到了广泛应用,且取得丰硕结果。

本章基于 CFD 仿真模拟技术,模拟当前上海市中心城区热环境状况,并根据前文研究结果提出增强城市冷岛效应的规划方案。然后对基于新规划方案的城市热环境状况再次模拟,并对模拟前后的热环境进行对比分析,进而提出合理的城市"蓝绿空间"规划对策,为城市规划、生态环境建设等理论和实践提供参考。

第二节 "蓝绿空间"自身特征优化

依据上述研究,本节提出城市"蓝绿空间"自身特征优化路径。

一、城市水体自身特征优化路径

1. 增大水体面积

水体面积越大,其冷岛效应越强,因此适当增大水体面积,是增强水体冷岛效应的路径之一。

2. 丰富水岸线边缘形态

根据上述研究可知,水岸线形态越复杂,水体上方温度与外界环境温度交换越多,对外界环境的降温能力越强,水体的冷岛效应越强。因此,丰富水岸线边缘形态,可以有效增强水体的冷岛效应。

3. 多采用自然式驳岸

依据第六章研究可知,水体与绿地相结合的方式,冷岛效应最强。因此,建议多采用自然式驳岸。相较人工驳岸而言,自然式驳岸形态更为复杂,可以增强水体与外界环境的热交换能力。同时,自然式驳岸,常有一定宽度的河岸缓冲带,缓冲带上种植植物,形成水体与绿地相结合的方式,因此可进一步增强水体的冷岛效应。

二、城市绿地自身特征优化路径

1. 增加绿地面积

绿地面积越大,其冷岛效应越强。在条件允许时,增大绿地面积,有助于增强绿地的冷岛效应。

2. 丰富绿地边缘形态

根据上述研究可知,绿地边界形态越复杂,绿地降温效果越显著,冷岛效应越强。因此在规划设计绿地时,可尽量丰富其边界形态。

3. 在中心城区,设置点状绿;在城郊结合处设置楔状绿地;在城市边缘设置带状绿地。

根据第九章研究可知,点状绿地对局部小范围的降温作用最有效,因此可设置在中心城区中,采用见缝插绿的布置手法;楔状绿地,冷岛效应最强,但通常面积较大,因此可设置在城郊结合处;带状绿地可有效将城市外部的热环境,导入城市内部,增加城市内外部的气流交换,增强城市的通风性,因此在城市边缘设置带状绿地,可有效增强其冷岛效应。

第三节 "蓝绿空间"周围环境景观格局优化

依据上述研究,本节提出城市"蓝绿空间"周围环境景观格局优化路径。

一、尽量设置"蓝绿空间"相结合的景观结构

根据上述研究可知,"蓝绿空间"相结合的景观结构冷岛效应最强,因

此,相较单独的设计绿地或水体而言,"蓝绿空间"相结合的景观结构更能增强绿地或水体的冷岛效应,进而降低周边的热环境,提升城市热环境质量。

二、降低"蓝绿空间"周围的不透水面景观连接度

"蓝绿空间"周围的不透水面景观连接度越差,破碎化程度越高,"蓝绿空间"对周围的热环境缓解作用越好。因此,降低"蓝绿空间"周边不透水面的景观连接度,可有效提升城市热环境质量。

三、降低"蓝绿空间"景观破碎化程度

城市"蓝绿空间"景观破碎化程度越低,连通性越好,其冷岛效应越强。因此,降低"蓝绿空间"景观破碎化程度可有效增强其冷岛效应,改善城市热环境质量。

第四节　"蓝绿空间"规划优化策略

根据上述研究可知,上海市"蓝绿空间"对夏季城市热环境具有调节作用。优化城市"蓝绿空间",是改善城市热环境的重要手段。综合上述研究,本节分别提出城市水体、绿地及总体"蓝绿空间"规划优化策略。

一、城市水体景观优化策略

1. 整合水体生态系统

单个小面积水体对城市热环境的贡献能力有限,而面积大的水体对城市热环境的调节具有显著作用,因此应尽量提高水体的整体效能,使上海市内外的湖泊、河流等各水体连接起来,同时将面积较小、零星分布的湿地整合,必要时增加人工湿地连接,形成整体的湿地网络生态系统,更大程度改

善城市热环境。

2. 控制河流周边城市建设用地的开发强度

上海市大型河流,如黄浦江、苏州河等,两岸建造了大量工厂与高楼,使河道两岸形成严重的热岛区域,而线状河流是城市天然的通风廊道,两岸环境的高温会引起河流上空温度的升高,进而降低河流冷岛效应的作用,因此应控制河流两岸城市建设用地的开发强度、限制房屋体量、高度等,不宜对城市通风产生影响。河道两旁应留出足够宽度的绿化缓冲区,使河流形成的"冷带廊道"发挥最大效应。

3. 增加人工湖泊、池塘等景观

水体的冷岛效应强于绿地,水体与绿地相结合的冷岛效应最强,因此在城市公园或绿地内部,可增加人工湖泊、池塘等水体景观,既能增加景观的观赏性又可进一步缓解城市热岛效应。

二、城市绿地景观优化策略

1. 优化上海市绿地系统规划布局

整合分散绿地,构建绿地网络生态系统。等面积的多个小面积绿地冷岛效应弱于整块绿地。因此建设城市绿地系统时应尽可能增加绿地间的连接度,使城市绿色空间形成连贯的整体,形成多个完整的大型绿地生态系统,从而对城市热岛区域进行有效的分割、合围及弱化。在连接的方法上,可因地制宜,采用人工绿地或水体以适应环境要求。

在中心城区,见缝插绿,增加点状绿地。上海市的中心城区土地空间有限,房屋排列紧密,该种情况适合采用见缝插绿,增加点状绿地的方式来缓解局部区域的热岛效应。因为点状绿地对小范围热岛效应具有显著的改善效果,可通过增加点状绿地,打散热岛效应强、热岛面积大的区域,使热岛区域破碎化,进而缓解该区域的热岛效应。在热岛效应严重的区域适当规划小型人工水体、城市公园、街头绿地或增加垂直绿化,提高城市的绿化率。

在外环线附近建设面积为 20 公顷左右的楔状绿地。楔状绿地的冷岛效应最强,是理想的绿地布局形式。20 公顷绿地冷岛效率最高,在土地空间充足时,应当在外环线附近设置些面积约为 20 公顷左右的楔状绿地,增强城郊的热量交换,缓解城市热岛效应。

沿主导风向及重要河流设置带状绿地。带状绿地对其形成的廊道区域内环境具有显著的冷岛效应,在城市内部主干道及绕城环路上规划生态"冷带",增加设置与主导风向一致的带状绿地,可增加城市的透风性,驱散聚集的热量,有效缓解热岛效应,提升空气质量。上海盛行东南和西北季风,在东南及西北方向的主干道两侧设置适当的带状道路绿化以形成城郊之间的通风廊道,从而提升城市内外的热量交换,缓解热岛效应。水体与绿地的结合可以有效增强冷岛效应的效率,在黄浦江及苏州河等主要城市带状水体两侧预留一定宽度的河岸绿化带,可以大幅增强水体的冷岛效应,这对于缓解市中心河流两岸发达建成区的热岛效应具有重要的意义。

丰富绿地的形态及结构。当土地空间有限时,可通过增加绿地边界形态的复杂度、丰富绿化的结构、减少绿地内外部不透水面面积比例提升绿地的冷岛效应。

2. 及早重视各郊区城中心的热岛扩张问题

除上海城市中心以外,松江、青浦、嘉定等区的城中心也逐步显现了较为明显的热岛效应。在郊区热岛效应从点向面扩张的关键时期,要提高警惕,积极规划郊区城中心及新城的绿地系统,在用地条件较为宽裕的地区多设置大型绿地,提高建设用地使用效率,避免热岛随城市副中心发展而大面积增加。发挥城郊的生态优势,保持宜居的城市环境,从而更有效地疏解市中心的承载压力。

3. 建立私属空间的绿化管理及监督机制

私属空间对城市整体热环境具有举足轻重的影响,在城市内的居民小区、生产单位推行屋顶绿化、垂直绿化及小区绿化的管理及监督机制,不仅有利于改善城市居民的生活生产环境,还可以有效提升上海城市整体的热环境,从总量上改变上海城市绿色空间不足的局面。推行出让地块规定的建筑节能环保标准,配建绿地、屋顶及垂直绿化的设计及养护标准,并利用政策补贴和行政罚款等多种措施来协调统筹,可以大幅提升总体的绿量,缓解城市热岛效应。

三、城市"蓝绿空间"规划优化策略

1. 在城市内部主干道及绕城环路上打造"冷带",增加城市的透风性

在城市内部主干道及绕城环路上规划生态"冷带",增加设置与主导风向一致的"蓝绿空间"生态廊道,可增加城市的透风性,驱散聚集的热量,有效缓解热岛效应,提升空气质量。

2. 在中心城区内部增加"冷点",以"冷点"打散成片的热岛区域

在热岛效应严重的区域适当规划小型人工水体、城市公园、街头绿地或增加垂直绿化,提高城市的绿化率,应用"冷点"打破大面积热岛区域,削弱城市热岛效应。

3. 保护并增加中心城区外部的"冷面",使其发挥最大冷岛效应

"冷面"是调节城市热岛效应及城市生态环境的最主要贡献者。由于上海市用地紧张,增加大面积的城市绿地及湖泊等难以实现,因此需保护好城市现有的"冷面"(城市现有的大型绿地、湖泊及河流等区域)。

第五节 规划案例分析——以上海市中心城区为例

一、中心城区"蓝绿空间"概况

根据 2015 年上海市中心城区"蓝绿空间"分布图 9.1 可知,城市"蓝绿空间"存在分布不均、零散、斑块面积小、数量有限、破碎化程度严重等特点。

该结论与张浪(2012)研究结果一致。点状绿地斑块结构间的网络连接度不够紧密,大型绿地多分散在内外环线边缘,内环线以内缺乏大型绿地,且各大型绿地与众多小型绿地、内外环线绿地、道路绿地间缺乏系统的连接,未形成绿地网络。水体空间也同样存在分布零散、数量有限等特点,且水体与绿地的结合较少,分布相对独立。综上所述,上海市中心城区"蓝绿空间"布局欠合理,发挥的城市冷岛效应较弱。应通过合理规划,发挥其更显著的冷岛效应。

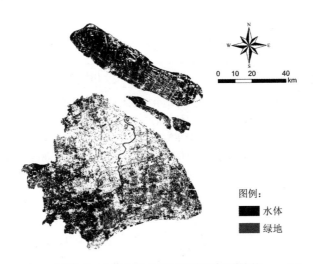

图 9.1　上海市中心城区"蓝绿空间"现状

二、研究方法

本书模拟上海市晴朗无云微风上午 10 时的夏季城市热环境状况。基于 CFD 仿真模拟城市热环境状况需要先建立数字模型,设置相应的参数,城市的气候、形态、下垫面状况等都需要在参数设置中表现出来。

1. 气候设置

上海市夏季平均风速为 3.4 m/s。故在 CFD 模拟设置中,进风口风速取值 3.4 m/s,风的温度设置为 311 K。

2. 城市分级设置

城市是由各种不同下垫面组成的复杂综合体,若没有参数设置,则无法显示其在城市中的差别,也无法表示其物理形式的差异。因此需根据地块内部的建筑布局、下垫面组成、生态资源分布等状况设置不同的边界参数,并按照规划原则,将城市划分为几个等级。本书依照唐子来等(2003)对上海城市密度分级的方法,结合上海市用地类型现状,对上海市密度分级分区进行修改,提出上海市分区所对应的建筑密度、容积率、植被覆盖程度等植被指标(见表 9.1,图 9.2)。

表 9.1　城市密度分区参数

	建筑密度(%)	容积率	用地类型
一级	低于 10	0—0.1	街头绿地、湿地、城市公园等地
二级	10—25	0.1—1.5	绿化较好的高校、单位等地
三级	25—40	1.5—3.0	高档住宅区,但周边包括一些小型街头绿地或公园等
四级	40—50	3.0—4.5	普通住宅或商业区,居住区或商业区内绿化较好等
五级	50 以上	4.5—6.0	高层建筑群、CBD、高密度旧城区

参考李鹍(2008)的研究,本章对上海市各等级城市地块温度设置以 2015 年 8 月 3 日遥感反演出的相应地块的平均温度为依据。

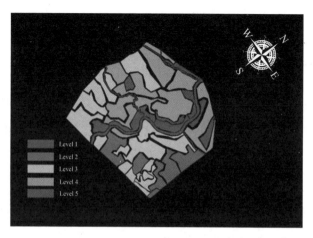

图 9.2　上海市中心城区地表分级设置图

三、中心城区热环境模拟

确立了数字模型及各种参数数据后,可对相应的城市热环境进行模拟。该模拟可将城市内部下垫面的热环境整体状况展现出来,由此可以分析热环境出现问题的原因,并提出优化城市热环境的规划方案,模拟结果如图 9.3 所示。

根据图 9.3 可知,上海市夏季中心城区气候炎热,平均温度在 40 ℃ 以上,其中静安区、黄浦区建筑密度最高,平均温度达 46 ℃。结合上海市数字地图分析,城市中建筑密度较高的商业区、高密度住宅区、工厂及大型交通枢纽等区域温度较高,水体、大型公园绿地及高校等地温度较低。黄浦江、苏州河和赵家沟将城市热场分成 3 块,黄浦江西岸(浦西地区)建筑密度显著高于黄浦江东岸(浦东地区),成为热岛集中区。赵家沟北部存在大量工厂,也是热岛效应的集中区。苏州河横穿整个上海市中心城区,两岸存在大量居住用地和上海火车站等交通枢纽,苏州河两岸区域也存在着较强的城市热岛效应。浦东地区南部主要是一些高档住宅区、高薪科技园区和尚未大量开发的农村居民用地,热岛效应不显著。城市水体或大型绿地对城市

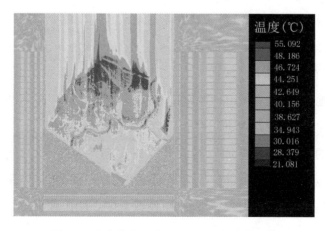

图 9.3 上海市中心城区夏季白天温度模拟图

热环境具有明显的改善作用,如:黄浦江、苏州河、赵家沟、共青国家森林公园、世纪公园等,对周围一定范围内的热岛效应都有明显的缓解作用,对下风向的作用更为显著。

综上所述,上海市中心城区整体热环境状况较差,城市"蓝绿空间"对热环境具有明显的缓解作用,但由于城市"蓝绿空间"布局欠合理,城市"蓝绿空间"的冷岛效应相对较弱。应通过优化缓解城市"蓝绿空间"的布局来缓解城市热岛效应。

四、增强城市冷岛效应的规划建议方案

根据上海市中心城区热环境的空间格局及其"蓝绿空间"冷岛效应的作用规律,本书提出了缓解城市热岛效应的上海市中心城区"蓝绿空间"规划方案。

根据城市"蓝绿空间"分布图 9.1 可知,在上海市内环线以内区域、中心城区北部、西部外环线附近以及上海的主要河流附近(黄浦江、苏州河、张家浜等)均缺乏大型楔状绿地,而上海市整个中心城区内,点状绿地斑块结构间的网络连接度不够紧密,且各大型绿地与众多小型绿地、内外环线绿地、道路绿地间缺乏系统的连接,未形成绿地网络。水体空间也同样存在分布零散、数量有限等特点,且水体与绿地的结合较少,分布相对独立。因此,为缓解中心城区的热岛效应,需在重要的降温节点处,设置大型的楔形绿地;在热岛集中区域插入点状绿地;在城市重要主干道、河流旁增加带状绿地,人为设置城市通风廊道;在现有"蓝绿空间"布局的基础上对破碎化的水体、绿地景观进行整合,构建较完整的生态网络,并人为构建相互连接的城市"蓝绿空间",增大其冷岛效应。从总体上打造"提升冷环、增加冷点、打造冷带、保护冷面"的多级"蓝绿空间"布局体系,通过"生态廊道"将郊区较低温引入城市内部,使城市中心城区聚集的热量散发出去(图 9.4)。

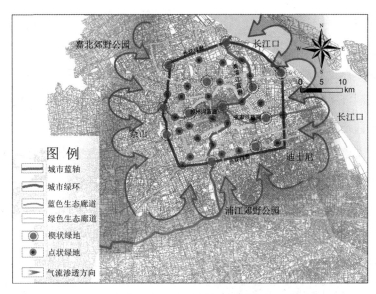

图 9.4　上海市中心城区"蓝绿空间"规划示意图

　　"一冷环"指上海市的外环线。通过环线绿化阻止城市建设用地形成巨大斑块,实现阻止中心城区热岛继续扩张的目的。

　　"多冷带"指从中心城区向外部延伸的多条主干道及河流,设置降温生态廊道。在现有道路的基础上,增加道路绿化,丰富道路绿化层次,适当拓宽绿化隔离带宽度。在现有河道基础上,保护河道,增加滨水绿廊,在河道两旁保留一定宽度的绿化缓冲区,充分发挥水体降温效果。通过上述规划手段,将郊区的风引入城市内部,这些廊道成为城市的呼吸通道,有利于将城市中心城区的热量消散。

　　"多冷点"以城市公园、绿地为主。在中心城区生态廊道的交汇点和热岛强度高、分布集中的位置规划绿地斑块节点,通过增加城市建设用地类型的斑块破碎化程度缓解热岛强度。通过加强绿化与水体的引入,对重点区域进行改造,积极利用城市景观格局对热岛效应的影响机制来缓解热岛,如:通过适当增加"蓝绿空间"面积、丰富其边界形态、增加城市建设用地的破碎化程度、增加"蓝绿空间"斑块的连接度等手段更高效地缓解城市中心区域热岛效应。

"多冷面"既包括城市外围已有的大型"蓝绿空间",也包括在城市重要的降温节点上新规划的楔形绿地。比如:可将西部的佘山、嘉北郊野公园;南部的浦江郊野公园、浦江森林公园;北部的长江口、上海滨江森林公园;东部的上海迪士尼度假区、上海野生动物园、长江口等已有的大型"蓝绿空间"通过生态廊道引入城市内部,增加城市内外的气流交换,缓解城市热岛效应。也可在城市外环线附近的重要降温节点处设置大型楔形绿地(如:北部可在滨江公园、大场镇等地设置大型绿地;南部可在三林、北蔡等地设置大型绿地;西部可在桃浦新村、吴中路等地设置大型绿地;东部可在张家浜等地设置大型绿地),这样有利于将郊区气流引入中心城区内部,增加城市的通风性,有效降低城市热岛效应。

五、基于新规划方案的城市热环境模拟

根据图 9.5 可知,基于新规划方案的上海市中心城区热岛效应得到了有效缓解,平均温度降低到 39 ℃。静安区、黄浦区及浦东地区北部等地,通过增加"冷点"的措施,热岛效应明显减弱,平均温度降低到 44 ℃。在黄浦

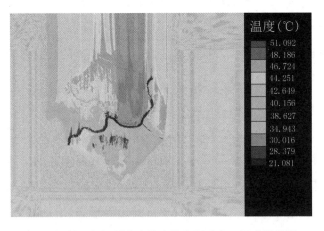

图 9.5 基于新规划方案的上海市夏季白天温度模拟图

江、苏州河、淀浦河和赵家沟等江体、河流周围增加"冷带",其周围的冷岛区域显著增大,下风向的冷岛效应尤为显著。通过增加外环线上的"冷环"和引入中心城区外围的"冷面"等措施,有效缓解了中心城区边缘的城市热岛效应。由此可知,优化城市"蓝绿空间"布局,对城市热环境具有十分重要的影响。

第六节　本 章 小 结

本章以上海市为例,应用CFD仿真技术对城市热环境状况进行模拟,并对模拟结果进行详细分析。根据研究结果提出城市"蓝绿空间"规划对策。

在水体景观规划策略中,充分遵循以下三条原则,可提升水体对城市热岛效应的缓解作用:

（1）整合水体生态系统,将面积较小、零星分布的湿地进行整合,必要时增加人工湿地进行连接,以形成整体的湿地网络生态系统,从而更大程度改善城市热环境状况;

（2）控制河流周边城市建设用地的开发强度,在河道两旁留出足够宽度的绿化缓冲区,使河流形成的"冷带廊道"发挥最大冷岛效应;

（3）在城市公园或绿地内部,增加人工湖泊、池塘等水体景观,既能够增加景观的观赏性又可以进一步增强缓解城市热岛效应的作用。

在绿地景观规划策略中,充分遵循下面四条原则,可提升绿地对城市热岛效应的缓解作用:

（1）构建大型绿地网络生态系统,将城市内外的大型绿地及零星分布的小面积绿地整合起来;

（2）在高度城市化的老旧中心城区,见缝插绿,增加点状绿地,充分发挥点状绿地在小范围内具有最强冷岛效应的作用；

（3）设置与城市主导风向一致的道路带状绿地，充分利用带状绿地形成的生态廊道效应增加城市内部与外部的气流交换，降低城市内部的热岛效应；

（4）楔状绿地具有最显著的缓解城市热环境的作用，是理想的绿地布局形式。在条件允许的情况下尽量多设置边界形状复杂的楔状绿地。

在城市总体规划设计中遵循打造"冷带"、增加"冷点"、保护"冷面"的原则，可有效缓解城市热岛效应。通过增加"冷带"来形成城市的通风走廊，增加城市的透风性、提高城市空气质量及热环境舒适度；通过增加"冷点"来打散大面积的城市热岛聚集区域，减弱城市热岛效应，改善"冷点"周围的小气候；通过加强和保护城市重要的冷岛效应贡献者——"冷面"，来调节整个城市整体热环境状况。

第十章
结　语

　　本研究以定量遥感反演为基础,基于景观生态学、城市规划学、地理信息系统、统计学等多学科理论和方法,以特大型城市上海市为例,探究城市"蓝绿空间"冷岛效应及其影响因素,并提出能充分发挥冷岛效应的城市"蓝绿空间"规划对策。

　　首先以多光谱数据 Landsat TM/ETM+/TRIS 为数据源,对 2000 年、2004 年、2007 年和 2015 年四个年份的地表温度进行反演,辅助气象数据对反演结果进行验证,并以 GIS 空间分析技术为支持,得出上海市地表温度的时空格局特征。然后引入景观生态学中景观格局的计算方法,对地表温度与下垫面关系进行定量研究,得出水体、绿地两种用地类型平均地表温度低于整体地表温度,具有冷岛效应。接下来着重研究城市"蓝绿空间"冷岛效应及其影响因素,应用统计学的分析方法,分别建立城市"蓝绿空间"冷岛效应与影响因子间的数学模型。结合气象学中常用的 CFD 仿真模拟技术,对城市"蓝绿空间"冷岛效应进行模拟仿真验证,并对不同形态的城市"蓝绿空间"冷岛效应进行对比研究,得出冷岛效应的强弱排序。最后,应用 CFD 仿真模拟技术,对上海市中心城区的夏季热环境状况进行模拟,并基于上述城市"蓝绿空间"冷岛效应的研究成果和现状,应用城市规划学的理论和方法,提出能有效缓解城市热岛效应的规划方案,并对基于新规划方案的上海市中心城区热环境状况进行再次模拟,根据模拟前后的对比结果,提出缓解城市热岛效应的城市"蓝绿空间"规划对策。

第一节　主要结论和对策建议

通过研究,本书在以下六方面得出结论:

一、上海市地表温度的时空分布格局

(1) 时间变化特征为:随着年份的推移,上海市的热环境逐渐增强,热岛面积逐渐扩大,且在 2007 年后增幅尤为显著。

(2) 空间变化特征为:上海市热岛空间分布由中心城区向周围扩张。2000 年上海市热岛仅集中在北部的中心城区;2004 年热岛沿南北方向扩大;到 2007 年上海城市热岛开始沿东西向辐射性扩大,南北方向变化不大,热岛区域分散,破碎化严重;至 2015 年热岛区域连接成片,且在无明显热岛的区域也出现许多热点,表明城市热岛还有进一步扩张的趋势。

二、城市地表温度与下垫面的关系

(1) 不同城市用地类型的地表温度差异显著,但不同年份各用地类型的地表平均温度排序均为:建设用地>裸地>绿地>农业用地>水体。其中绿地和水体的地表温度显著低于该年份的地表平均温度;建设用地的地表温度显著高于该年份的地表平均温度。

(2) 根据土地利用类型在各温度等级的分布情况可知:建设用地对上海市的热岛效应贡献最大,容易形成热岛中心;水体和绿地主要分布在低温区和极低温区,容易形成冷岛中心。

(3) 地表温度与景观格局指数关系的研究表明:绿地、水体景观面积越大,景观破碎化程度越小,分布越集中,景观形状越复杂,平均地表温度越低,对城市热岛效应的缓解效果越好;建设用地景观与之相反,即建设用地景观面积越大,景观破碎化程度越小,分布越集中,景观形状越复杂,平均地表温度越高,城市热岛现象越明显。地表温度与景观类型的多样性指数显著负相关。因此,若要降低地表温度,应在一定区域内尽量丰富景观多样性。

三、城市水体冷岛效应的空间规律及其影响因素

(1) 水体自身温度特征与其影响因子之间的相关性研究表明:水体自身温度与水体面积(S_w)和水体形状指数(LSI_w)呈负相关关系,与周围环境中不透水面面积比(PC_{wo})呈显著正相关。

(2) 水体的降温范围、降温幅度与 PC_{wo} 呈显著负相关,与 S_w 和 LSI_w 呈显著正相关;而降温梯度与上述影响因子之间关系不显著。

(3) 当 LSI_w 大于 4 或 PC_{wo} 小于 60% 时,水体降温范围显著增强。因此在设计水体景观时,在面积一定的情况下,为了增强其降温范围可使 $LSI_w > 4$,尽量增大水岸线的蜿蜒程度;周围环境配置中,尽量使 PC_{wo} 小于 60%。

(4) 水体降温范围 Y_1 和降温幅度 Y_2 的预测模型分别为:

$$Y_1 = 2.439 + 0.035 S_w + 0.063 LSI_w - 2.304 PC_{wo}$$
$$Y_2 = 23.358 + 0.073 S_w - 0.197 LSI_w - 21.899 PC_{wo}$$

应用剩余 6 个样点对该模型进行验证,根据实际值与拟合值的对比发现两者的相关系数分别为 0.879 和 0.762,模型可靠度较高。

四、城市绿地冷岛效应的空间规律及其影响因素

(1) 绿地自身温度特征与自身影响因子间的相关关系研究表明:绿地自身温度与绿地面积(S_g)和绿地形状指数(LSI_g)呈负相关关系,与绿地内

不透水面面积比(PC_{gi})显著正相关。S_g 和 PC_{gi} 是影响绿地内部温度的主要因素。且 S_g 与其内部自身温度间存在明显阈值,当 S_g 小于 40 ha 时,绿地自身温度随着绿地面积的增大而显著降低;当 S_g 大于 40 ha 时,绿地的内部温度不再随着面积的增大而显著变化。故降低绿地自身温度的有效措施为:在面积一定的情况下,降低绿地内部不透水面面积,增加绿地的边缘率。

(2)绿地冷岛效应的影响因素研究表明:绿地面积和外部环境因子是影响绿地冷岛效应的主要因素。绿地的降温范围主要受绿地面积和外部环境因子的影响。绿地的降温范围与 S_g 显著正相关,与绿地外部环境中不透水面面积比例显著负相关;绿地的降温幅度除与 S_g 之间显著正相关外,与其他影响因素的相关性不显著;绿地的降温梯度与 LSI_g 和绿地外部环境中水体面积比例显著正相关,与其他影响因素相关性不显著。因此为增大一定面积的绿地冷岛效应,在进行绿地景观设计时应适当增大绿地外部环境中水体面积的比例,减少不透水面面积比例。

(3)绿地降温范围 Z_1、降温幅度 Z_2 和降温梯度 Z_3 的预测模型分别如下:

$$Z_1 = 2\,153.633 + 4.90 S_g - 108.60 LSI_g + 2.94 PC_{gi} + \\ 4.25 PW_{gi} - 20.71 PC_{go} - 21.70 PW_{go}$$

$$Z_2 = 10.789 + 0.015 S_g + 0.401 LSI_g - 0.023 PC_{gi} - \\ 0.064 PW_{gi} - 0.075 PC_{go} + 0.015 PW_{go}$$

$$Z_3 = -3.28 - 0.018 S_g + 2.345 LSI_g - 0.079 PC_{gi} - \\ 0.179 PW_{gi} + 0.135 PC_{go} + 0.491 PW_{go}$$

应用所得的模型模拟剩余 28 个绿地样点的冷岛效应,根据实际值与拟合值对比发现两者的相关系数分别为 0.743、0.605 和 0.692,模型可靠度较高。

五、城市"蓝绿空间"冷岛效应的仿真研究

通过水体和绿地冷岛效应的对比结果可知,水体冷岛效应在降温范围和降温幅度方面强于绿地,但在降温效率方面略弱于绿地。

根据CFD技术对不同形态水体冷岛效应的模拟结果可知,面状湖泊的冷岛效应强于线状河流,且形状指数越复杂的湖泊,冷岛效应越强。故进行水体景观规划设计时,增大水体冷岛效应的有效措施为:如果条件允许,应尽量多设置面状水体。

根据CFD技术对不同形态绿地冷岛效应的模拟结果可知,不同形态的绿地冷岛效应由强到弱的顺序均依次为:楔状＞放射状＞带状＞点状。即楔状绿地冷岛效应最强,带状绿地、点状绿地的冷岛效应较弱。但带状绿地对其所形成廊道内的空间具有明显的降温效果;点状绿地对周边小范围的降温效果最明显。因此在进行绿地景观规划设计时,如果条件允许,可将楔状绿地作为城市绿地建设的首要布局形式;点状绿地形态较为自由,对改善局部小气候具有重要作用,可在住宅小区内采用点状形式;带状绿地可形成城市的通风廊道,加强城市内部与外部的气流交换,增强城市的透风性,因此应设置与主导风向一致的道路绿化等,且在河道周围预留足够的缓冲区,充分发挥其"冷带廊道"效应。

六、城市"蓝绿空间"对人体舒适度的影响

本研究选择上海市中心城区3条河流、6个湖泊、9块绿地作为研究对象,研究不同类型的水体、绿地对周围环境中人体舒适度的影响,探寻夏季对人体最适宜的城市"蓝绿"空间类型。研究结果显示:

水体对周围环境具有一定的降温作用,同样也具有比较强的增湿作用。随着距离水体的增加,降温增湿作用减弱。且湖泊对于人体舒适度的改善作用强于河流,LSI大湖泊对人体舒适度的改善作用强于LSI小湖泊。其

中,LSI 大湖泊平均可降低周围环境 2.9 ℃,湿度增加 4.0%;LSI 小湖泊平均可降低周围环境 3.2 ℃,湿度增加 1.7%;河流平均可降低周围环境 2.3 ℃,湿度增加 1.3%。

绿地对周围环境具有显著的降温增湿效应,且对人体舒适度具有显著改善作用。且随着距离绿地越远,降温增湿效应越弱,对人体舒适度的改善作用越弱。不同形状绿地对周围环境的降温增湿作用及对人体舒适度改善效果有所差异,点状绿地可降低周围环境 2.8 ℃,湿度增加 3.0%;带状绿地可降低周围环境 2.1 ℃,湿度增加 1.8%;面状绿地可降低周围环境 3.1 ℃,湿度增加 3.8%。由此可知,绿地对人体舒适度改善效果由强到弱的顺序依次为:面状绿地>点状绿地>带状绿地。

基于上述结果可知,城市"蓝绿空间"对人体舒适度改善作用由强到弱的顺序依次为:LSI 大湖泊>LSI 小湖泊>面状绿地>点状绿地>河流>带状绿地。

七、城市"蓝绿空间"规划对策建议

1. 水体景观规划策略

在水体的景观规划策略中,充分遵循以下三条原则,可提升水体对城市热岛的缓解作用:(1)整合水体生态系统,将面积较小、零星分布的湿地进行整合,必要时增加人工湿地进行连接,形成整体的湿地网络生态系统,更大程度改善城市热环境状况;(2)控制河流两边城市建设用地的开发强度,在河道两旁留出足够宽度的绿化缓冲区,使河流形成的"冷带廊道"发挥最大冷岛效应;(3)在城市公园或绿地内部,增加人工湖泊、池塘等水体景观,既能增加景观的观赏性又可进一步增强缓解城市热岛效应的作用。

2. 绿地景观规划策略

在绿地的景观规划策略中,充分遵循下面四条原则,可提升绿地对城市热岛的缓解作用:(1)构建大型绿地网络生态系统,将城市内外的大型绿地及小面积零星分布的绿地整合起来；(2)在高度城市化的老旧中心城区，见缝插绿，增加点状绿地，充分发挥点状绿地在小范围内具有最强冷岛效应的作用；(3)设置与城市主导风向一致的道路带状绿地，充分利用带状绿地形成的生态廊道效应增加城市内部与外部的能量交换，降低城市中心区域的热岛效应；(4)楔状绿地具有最显著的缓解城市热岛效应的作用，是理想型的绿地布局形式。如果条件允许，可将楔状绿地作为城市绿地建设的首要布局形式。

3. 城市总体规划策略

在城市总体规划设计中，遵循打造"冷带"、增加"冷点"，保护"冷面"的原则，可有效缓解城市热岛效应。在城市内部主干道及绕城环路、环线上增加"冷带"，增加城市的透风性，提高城市空气质量及热环境舒适度；在中心城区内部增加"冷点"，以"冷点"打散成片的热岛区域，减弱城市热岛效应，改善"冷点"周围的小气候；保护及增加中心城区外部的"冷面"区域，使其发挥最大冷岛效应，改善城市整体热环境。

第二节　主要创新点

一、本书弥补了城市冷岛效应研究的不足

本书定量研究了城市"蓝绿空间"冷岛效应的空间规律及其影响因素，并建立了冷岛效应与各影响因素间的回归模型。该模型可快速评估城市"蓝绿空间"的冷岛效应，为未来城市"蓝绿空间"规划设计提供参考。

二、在不同尺度上研究了城市"蓝绿空间"的冷岛效应

首先在遥感数据的支持下，运用 RS 技术从宏观城市尺度定量分析了上海市"蓝绿空间"冷岛效应，为研究城市"蓝绿空间"的变化与城市热环境

之间的关系奠定基础;然后从微观样地尺度对"蓝绿空间"冷岛效应的规律和影响因素进行研究,弥补了前人研究尺度单一的不足。

三、将 CFD 仿真模拟技术应用于城市"蓝绿空间"冷岛效应和规划的研究中

本研将 CFD 仿真模拟技术应用于城市"蓝绿空间"冷岛效应和规划的研究中,模拟不同形态的"蓝绿空间"冷岛效应和规划前后中心城区热环境的差异,并以此为依据制定缓解城市热岛效应的城市"蓝绿空间"规划策略。首次提出了打造"冷带"、增加"冷点"、保护"冷面"的城市"蓝绿空间"规划原则,并通过仿真模拟进行验证。该研究对炎热地区的城市规划具有重要的指导作用,为基于生态理念的城市景观规划研究提供了新的方法与思路。

第三节 研究展望与不足

(1) 城市"蓝绿空间"的冷岛效应具有时空复杂性,特别是时间复杂性。在接下来的研究中可关注城市"蓝绿空间"冷岛效应的动态监测与研究,开展不同季节城市"蓝绿空间"冷岛效应的特征分析。

(2) 随着数据精度的提高和大数据时代的来临,城市"蓝绿空间"冷岛效应的研究可以在许多方面继续深化,如在高分辨率图像下开展不同植物种类与植物竖向结构配置等对城市"蓝绿空间"冷岛效应影响的研究。

(3) 目前将 CDF 仿真技术应用到规划分析中属于较为前沿的研究,在模型参数设置、网格划分及数学计算模型等方面还需进一步探索,提高模拟计算的精度。

(4) 对城市"蓝绿空间"的形态、布局形式等的研究固然重要,但仍需进一步发掘更多影响因素,如城市风向、风速等,并结合到城市"蓝绿空间"的

设计中,完善城市"蓝绿空间"冷岛效应的研究体系。

（5）本书提出的城市"蓝绿空间"景观规划策略仅通过仿真进行验证,未在实际的规划项目中得以应用。接下来需要推动其与实际规划项目的结合,对模拟结果进行进一步验证,并及时对不适当的规划设计进行调整和完善。

附录 1 各绿地冷岛效应图

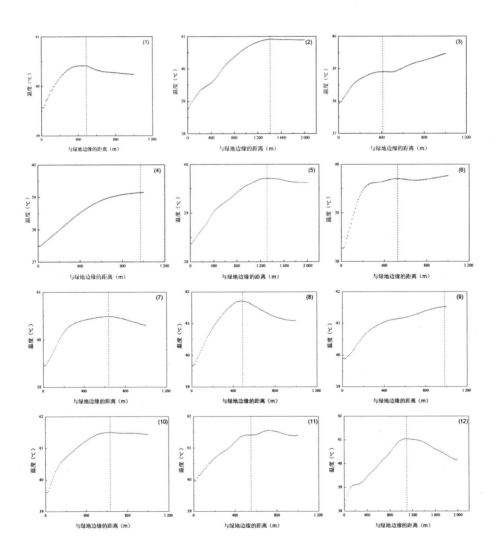

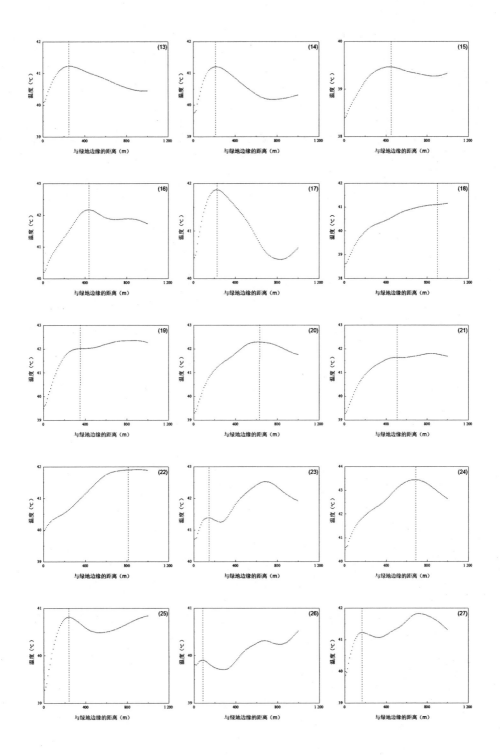

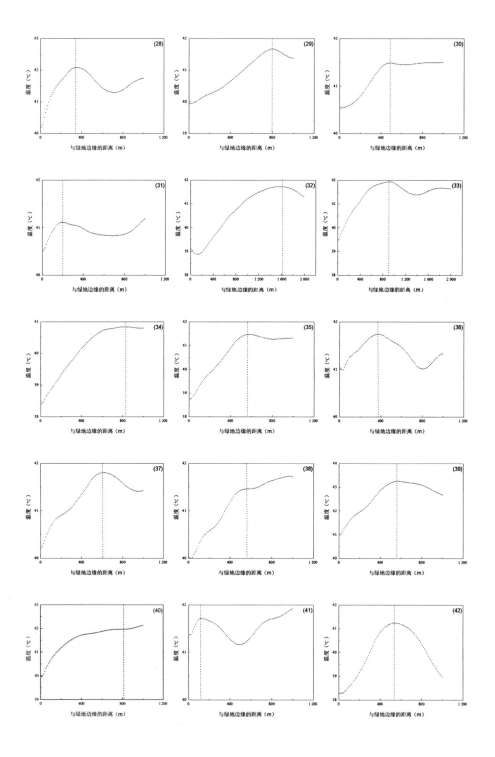

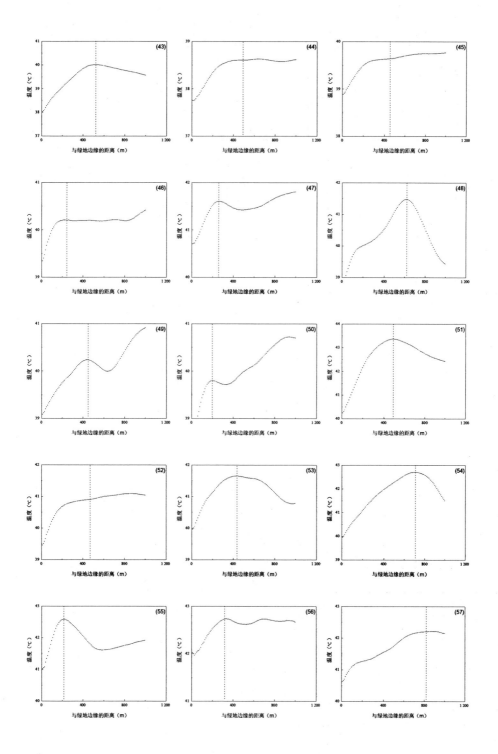

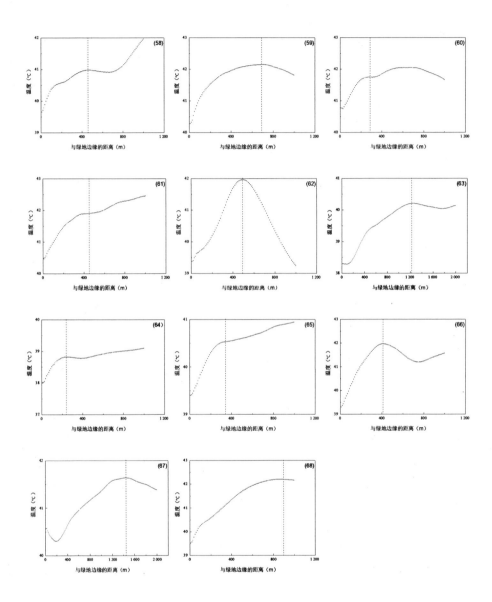

附录2 各区河湖面积分布情况表

序号	行政区	行政区面积 （km²）	河道面积 （km²）	湖泊面积 （km²）	河湖面积 （km²）	河面率 （%）
1	浦东新区	1 210.41	120.94	6.09	127.03	10.49
2	黄浦区	20.46	1.75	0.02	1.77	8.66
3	徐汇区	54.76	3.82	0.13	3.95	7.21
4	长宁区	38.3	0.82	0.15	0.98	2.55
5	静安区	36.88	0.56	0.11	0.67	2.77
6	普陀区	54.83	1.84	0.04	1.87	3.41
7	虹口区	23.48	0.9	0.08	0.98	4.16
8	杨浦区	60.73	5.55	0.29	5.85	9.63
9	闵行区	370.75	29.81	0.77	30.59	8.25
10	宝山区	270.99	17.6	0.9	18.5	6.83
11	嘉定区	464.2	37.25	0.03	37.28	8.03
12	金山区	586.05	39.35	0.13	39.48	6.74
13	松江区	605.64	48.01	1.28	49.29	8.14
14	青浦区	670.14	65.15	59.14	124.29	18.55
15	奉贤区	687.39	55.39	1.15	56.55	8.23
16	崇明区	1 185.49	99.13	21.06	120.18	10.14

资料来源：上海市第一次全国水利普查暨第二次水资源普查总报告。

参考文献

一、英   文

Adams L W, Dove L E. 1989. "Wildlife reserves and corridors in the urban environment: a guide to ecological landscape planning and resource conservation." *National Institute for Urban Wildlife*, Columbia, MD.

Akbari H, Pomerantz M, Taha H. 2001. "Cool surfaces and shade trees to reduce energy use and improve air quality in urban areas." *Solar Energy*, 70(03): 295—310.

Akbari H, Xu T, Taha H, et al. 2011. "Using cool roofs to reduce energy use, greenhouse gas emissions, and urban heat—island effects: Findings from an India experiment." *Ernest Orlando Lawrence Berkeley National Laboratory*, Berkeley, CA(US),

Alavipanah S, Qureshi S, Haase D. 2015. "Does vegetation mitigate the temperature in urban area or it follows the temperature of its surrounding? //Urban Remote Sensing Event(JURSE)." *IEEE*, 1—4.

Alexandri E, Jones P. 2008. "Temperature decreases in an urban canyon due to green walls and green roofs in diverse climates." *Building and Environment*, 43(04):480—493.

Anjos M, Lopes A. 2017. "Urban Heat Island and Park Cool Island Intensities in the Coastal City of Aracaju, North—Eastern Brazil." *Sustainability*, 9(08):1379.

Arnfield A J. 2003. "Two decades of urban climate research: a review of turbulence, exchanges of energy and water, and the urban heat island." *International Journal of Climatology*, 23(01):1—26.

Ashie Y, Ca V T, Asaeda T. 1999. "Building canopy model for the analysis of urban climate." *Journal of Wind Engineering and Industrial Aerodynamics*, 81(01):237—248.

Barradas V L. 1991. "Air temperature and humidity and human comfort index of some city parks of Mexico City." *International Journal of Biometeorology*, 35(1):24—28.

Basu Rupa, Samet Jonathan M. 2002. "Relation between Elevated Ambient Temperature and Mortality: A Review of the Epidemiologic Evidence." *Epidemiologic Reviews*, 24(2):190—202.

Belding H S, Hatch T F. 1955. "Index for evaluating heat stress in terms of resulting physiological strains." *Heating Piping & Air Conditioning*, 27(8):129—136.

Berry B J L, Garrison W L. 1958. "Recent developments of central place theory." *Papers in Regional Science*, 4(1):107—120.

Bonan G B. 2014. "Effects of land use on the climate of the United States." *Climatic Change*, 14(1):5—8.

Bo—ot L M, Wang Y, 2012. "Chiang C, et al. Effects of a Green Space Layout on the Outdoor Thermal Environment at the Neighborhood Level." *Energies*, 5(12):3723—3735.

Bourbia F, Awbi H B. 2004. "Building cluster and shading in urban canyon for hot dry climate Part 2: Shading simulations." *Renewable Energy*, 29(2):291—301.

Bowler D E, Buyung—Ali L, Knight T M, et al. 2010. "Urban greening to cool towns and cities: A systematic review of the empirical evidence." *Landscape and Urban Planning*, 97(03):147—155.

Bretz S, Akbari H, Rosenfeld A. 1998. "Practical issues for using solar—reflective materials to mitigate urban heat islands." *Atmospheric Environment*, 32(01):95—101.

Ca V T, Asaeda T, Abu E M. 1998. "Reductions in air conditioning energy caused by a nearby park." *Energy and Buildings*, 29(01):83—92.

Cao X, Onishi A, Chen J, et al. 2010. "Quantifying the cool island intensity of urban parks using ASTER and IKONOS data." *Landscape and Urban Planning*, 96(04):224—231.

Carnahan W H, Larson R C. 1990. "An analysis of an urban heat sink." *Remote*

Sensing of Environment, 33(01):65—71.

Cavanagh J A E, Zawar—Reza P, Wilson J G. 2009. "Spatial attenuation of ambient particulate matter air pollution within an urbanised native forest patch." *Urban Forestry & Urban Greening*, 8(1):21—30.

Chang C, Li M, Chang S. 2007. "A preliminary study on the local cool—island intensity of Taipei city parks." *Landscape and Urban Planning*, 80(04):386—395.

Charalampopoulos I, Tsiros I X, Chronopoulousereli A, et al. 2013. "Analysis of thermal bioclimate in various urban configurations in Athens, Greece." *Urban Ecosystems*, 16(2):217—233.

Chen B, Bao Z, Zhu Z. 2006. "Assessing the willingness of the public to pay to conserve urban green space: The Hangzhou City, China." *Journal of Environmental Health*, 69(5):26.

Chen X, Zhao H, Li P, et al. 2006. "Remote sensing image—based analysis of the relationship between urban heat island and land use/cover changes." *Remote Sensing of Environment*, 104(02):133—146.

Cheng V, Ng E, Chan C, et al. 2012. "Outdoor thermal comfort study in a sub—tropical climate: a longitudinal study based in Hong Kong." *International Journal of Biometeorology*, 56(1):43—56.

Correa E N, Ruiz M A, Canton A, et al. 2012. "Thermal comfort in forested urban canyons of low building density. An assessment for the city of Mendoza, Argentina." *Building and Environment*, 219—230.

Cracknell A P, Xue Y. 1996. "Thermal inertia determination from space—a tutorial review." *International Journal of Remote Sensing*, 17(03):431—461.

Dabberdt W F, Davis P A. 1978. "Determination of energetic characteristics of urban—rural surfaces in the greater St. Louis area." *Boundary—Layer Meteorology*, 14(01):105—121.

De Freitas C R, Grigorieva E A. 2015. "A comprehensive Catalogue and Classification of Human Thermal Climate Indices." *International Journal of Biometeorology*, 59(1):109—120.

De Freitas E D, Rozoff C M, Cotton W R, et al. 2007. "Interactions of an urban heat island and sea—breeze circulations during winter over the metropolitan area of São Paulo, Brazil." *Boundary—Layer Meteorology*, 122(1):43—65.

Dear R D, Pickup J. 2000. "An outdoor thermal comfort index(OUT—SET*) Part I Themodel and its assumptions." *International Congress of Biometeorology and International Conference on Urban Climatology.*

Debbage N, Shepherd J M. 2015. "The urban heat island effect and city contiguity." *Computers, Environment and Urban Systems*, 54:181—194.

Declet—Barreto J, Brazel A J, Martin C A, et al. 2013. "Creating the park cool island in an inner—city neighborhood: heat mitigation strategy for Phoenix, AZ." *Urban Ecosystems*, 16(03):617—635.

De Miranda R M, de Fatima Andrade M, Fornaro A, et al. 2012. "Urban air pollution: a representative survey of PM2.5 mass concentrations in six Brazilian cities." *Air Quality, Atmosphere & Health*, 5(01):63—77.

Du H, Cai W, Xu Y, et al. 2017. "Quantifying the cool island effects of urban green spaces using remote sensing Data." *Urban Forestry & Urban Greening*, 27: 24—31.

Du H, Song X, Jiang H, et al. 2016. "Research on the cooling island effects of water body: A case study of Shanghai, China." *Ecological Indicators*, 67:31—38.

Du H, Wang D, Wang Y, et al. 2016. "Influences of land cover types, meteorological conditions, anthropogenic heat and urban area on surface urban heat island in the Yangtze River Delta Urban Agglomeration." *Science of The Total Environment*, 571:461—470.

Elsayed I S M. 2012. "A study on the urban heat island of the city of Kuala Lumpur, Malaysia." *Journal of King Abdulaziz University*, 23(02):121.

Fung W Y, Lam K S, Hung W T, et al. 2006. "Impact of urban temperature on energy consumption of Hong Kong." *Energy*, 31(14):2623—2637.

Gao L, Yun L, Ren Y, et al. 2011. "Spatial and temporal change of landscape pattern in the Hilly—Gully region of Loess Plateau." *Procedia Environmental Sciences*, 8:103—111.

Ge Y, Dou W, Dai J. 2017. "A New Approach to identify social vulnerability to climate change in the Yangtze River Delta." *Sustainability*, 9(12):2236.

Giannopoulou K, Livada I, Santamouris M, et al. 2014. "The influence of air temperature and humidity on human thermal comfort over the greater Athens area." *Sustainable Cities and Society*, 184—194.

Givoni B. 1976. "Man, climate and architecture." *Applied Science Publishers*.

Grimm N B, Faeth S H, Golubiewski N E, et al. 2008. "Global Change and the Ecology of Cities." *Science*, 319(5864):756—760.

Grimmond C S B. 2006. "Progress in measuring and observing the urban atmosphere." *Theoretical and Applied Climatology*, 84(01—03):3—22.

Guo G, Wu Z, Xiao R, et al. 2015. "Impacts of urban biophysical composition on land surface temperature in urban heat island clusters." *Landscape and Urban Planning*, 135:1—10.

Hamdi M, Lachiver G, Michaud F. 1999. "A new predictive thermal sensation index of human response." *Energy & Buildings*, 29(2):167—178.

Hanqiu X, Benqing C. 2004. "Remote sensing of the urban heat island and its changes in Xiamen City of SE China." *Journal of Environmental Sciences*, 16(02):276—281.

Höppe P. 1999. "The physiological equivalent temperature a universal index for the biometeorological assessment of the thermal environment." *International Journal of Biometeorology*, 43(2):71—75.

Houghton, F.C. and Yaglou, C.P. 1923. "Determining Equal Comfort Lines." *Journal of Atmosphere Heating and Ventilation in England*, 29:165—176.

Howard L. 1833. "Climate of London deduced from metorological observation." *Harvey and Darton*, 1(03):1—24.

Hsieh C, Chen H, Ooka R, et al. 2010. "Simulation analysis of site design and layout planning to mitigate thermal environment of riverside residential development." *Building Simulation*, 3(01):51—61.

Huang H, Ooka R, Kato S. 2005. "Urban thermal environment measurements and numerical simulation for an actual complex urban area covering a large district heating and cooling system in summer." *Atmospheric Environment*, 39:6362—6375.

Huang L, Li J, Zhao D, et al. 2008. "A fieldwork study on the diurnal changes of urban microclimate in four types of ground cover and urban heat island of Nanjing, China." *Building and Environment*, 43(01):7—17.

Huang J, Pontius R G, Li Q, et al. 2012. "Use of intensity analysis to link patterns with processes of land change from 1986 to 2007 in a coastal watershed of southeast China." *Applied Geography*, 34:371—384.

Huizenga C, Hui Z, Arens E, et al. 2001. "A model of human physiology and comfort for assessing complex thermal environments." *Building and Environment*, 36(6):691—699.

Hulley G C, Hook S J, Baldridge A M. 2008. "ASTER Land surface emissivity database of california and nevada." *Geophysical Research Letters*, 35(13).

Hwang R L, Lin T P, Matzarakis A. 2011. "Seasonal effects of urban street shading on long—term outdoor thermal comfort." *Building and Environment*, 46: 863—870.

Imhoff M L, Zhang P, Wolfe R E, et al. 2010. "Remote sensing of the urban heat island effect across biomes in the continental USA." *Remote Sensing of Environment*, 114(03):504—513.

Inamdar A K, French A, Hook S, et al. 2008. "Land surface temperature retrieval at high spatial and temporal resolutions over the southwestern United States." *Journal of Geophysical Research*, 113(D7).

IPCC. 2007. "Climate change 2007: the physical science basis. Working group I contribution to the fourth assessment report of the Intergovernmental Panel on Climate Change." *Cambridge, UK: Cambridge University Press*.

Jauregui E. 1990. "Influence of a large urban park on temperature and convective precipitation in a tropical city." *Energy and Buildings*, 15—16:45—63.

Jiménez—Muñoz J C. 2003. "A generalized single—channel method for retrieving land surface temperature from remote sensing data." *Journal of Geophysical Research*, 108(D22).

Jin M S, Kessomkiat W, Pereira G. 2011. "Satellite—observed urbanization characters in Shanghai, China: Aerosols, urban heat island effect, and land—atmosphere interactions." *Remote Sensing*, 3(12):83—99.

John R M. 1974. "Climatology: Fundamentals and Applications." *NewYork: McGraw-Hill Book Co*.

Johns T C, Carnell R E, Crossley J F, et al. 1997. "The second Hadley Centre coupled ocean—atmosphere GCM: model description, spinup and validation." *Climate Dynamics*, 13(02):103—134.

Kabisch N, Haase D. 2013. "Green spaces of European cities revisited for 1990—2006." *Landscape and Urban Planning*, 110:113—122.

Kaza N. 2013. "The changing urban landscape of the continental United States." *Landscape and Urban Planning*, 110:74—86.

Kenny N A, Warland J S, Brown R D, et al. 2009. "Part B: Revisions to the COMFA outdoor thermal comfort model for application to subjects performing physical activity." *International Journal of Biometeorology*, 53(5):429—441.

Khandaker S A. 2003. "Comfort in urban spaces: defining the boundaries of outdoor thermal comfort for the tropical urban environments." *Energy and Buildings*, 35:103—110.

Kim H H. 1992. "Urban heat island." *International Journal of Remote Sensing*, 13(12):2319—2336.

Kikegawa Y, Genchi Y, Kondo H, et al. 2006. "Impacts of city—block—scale countermeasures against urban heat—island phenomena upon a building's energy—consumption for air—conditioning." *Applied Energy*, 83(06):649—668.

Kolokotroni M, Giannitsaris I, Watkins R. 2006. "The effect of the London urban heat island on building summer cooling demand and night ventilation strategies." *Solar Energy*, 80(04):383—392.

Kolokotroni M, Ren X, Davies M, et al. 2012. "London's urban heat island: Impact on current and future energy consumption in office buildings." *Energy and Buildings*, 47:302—311.

Laaidi K, Zeghnoun A, Dousset B, et al. 2011. "The impact of heat islands on mortality in Paris during the August 2003 heat wave." *Environmental Health Perspectives*, 120(2):254—259.

Lai L W, Cheng W L. 2010. "Urban heat Island and air pollution—An emerging role for hospital respiratory admissions in an urban area." *Journal of Environmental Health*, 72(06):32.

Lam C K C, Lau K K L. 2018. "Effect of long—term acclimatization on summer thermal comfort in outdoor spaces: a comparative study between Melbourne and Hong Kong." *International journal of biometeorology*, 62(7):1311—1324.

Li J, Niu J, Mak C M, et al. 2020. "Exploration of applicability of UTCI and thermally comfortable sun and wind conditions outdoors in a subtropical city of Hong Kong." *Sustainable Cities and Society*, 52:101793.

Li J, Song C, Cao L, et al. 2011. "Impacts of landscape structure on surface urban heat islands: A case study of Shanghai, China." *Remote Sensing of Environment*, 115(12):3249—3263.

Li J, Song C, Cao L, et al. 2011. "Impacts of landscape structure on surface urban heat islands: A case study of Shanghai, China." *Remote Sensing of Environment*, 115(12):3249—3263.

Lu J, Li C, Yang Y, et al. 2012. "Quantitative evaluation of urban park cool island factors in mountain city." *Journal of Central South University*, 19(06): 1657—1662.

Luck M, Wu J. 2002. "A gradient analysis of urban landscape pattern: a case study from the Phoenix metropolitan region, Arizona, USA." *Landscape Ecology*, 17(04):327—339.

Maimaitiyiming M, Ghulam A, Tiyip T, et al. 2014. "Effects of green space spatial pattern on land surface temperature: Implications for sustainable urban planning and climate change adaptation." *Journal of Photogrammetry and Remote Sensing*, 89:59—66.

Martins T A L, Adolphe L, Bonhomme M, et al. 2016. "Impact of Urban Cool Island measures on outdoor climate and pedestrian comfort: simulations for a new district of Toulouse, France." *Sustainable Cities and Society*, 26:9—26.

Masson V, Gomes L, Pigeon G, et al. 2008. "The Canopy and Aerosol Particles Interactions in Toulouse Urban Layer(CAPITOUL) experiment." *Meteorology and Atmospheric Physics*, 102(3):135—157.

Masson V, Grimmond C S B, Oke T R. 2002. "Evaluation of the Town Energy Balance(TEB) Scheme with Direct Measurements from Dry Districts in Two Cities." *Journal of Applied Meteorology*, 41(10):1011—1026.

Masson V. 2006. "Urban surface modeling and the meso—scale impact of cities." *Theoretical and Applied Climatology*, 84(03):35—45.

Mavrogianni A, Davies M, Batty M, et al. 2011. "The comfort, energy and health implications of London's urban heat island." *Building Services Engineering Research and Technology*, 32(01):35—52.

Mayer H, Höppe P. 1987. "Thermal comfort of man in different urban environments." *Theoretical & Applied Climatology*, 38(1):43—49.

Mccarty H H, Isard W. 1958. "Location and Space—Economy."*Economic Ge-*

ography, 34(1).

McGarigal, K., Marks, B.J., 1995. "FRAGSTATS: Spatial Pattern Analysis Program for Quantifying Landscape Structure."

Memon R A, Leung D Y C, Liu C. 2007. "A review on the generation, determination and mitigation of Urban Heat Island." *Journal of Environmrntal Sciences*, 20:121—128.

Meyer W B. 1991. "Urban heat island and urban health: early American perspectives." *The Professional Geographer*, 43(01):38—48.

Mikami T, Sekita Y. 2009. "Quantitative evaluation of cool island effects in urban green parks: Yokohama, Japan." *The Seventh International Conference on Urban Climate*.

Müller N, Kuttler W, Barlag A B. 2014. "Counteracting urban climate change: adaptation measures and their effect on thermal comfort." *Theoretical & Applied Climatology*, 115(1—2):243—257.

Myrup L O. 1969. "A numerical model of urban heat island." *Journal of Applied Meteorology*, 8:908—918.

Ng E, Chen L, Wang Y, et al. 2012. "A study on the cooling effects of greening in a high—density city: An experience from Hong Kong." *Building and Environment*, 47:256—271.

North D C. 1955. "Location Theory and Regional Economic Growth." *Journal of Political Economy*, 63(3):243—243.

Oke T R. 1982. "The energetic basis of the urban heat island." *Quarterly Journal of the Royal Meteorological Society*, 108(455):1—24.

Oke T R, Johnson G T, Steyn D G, et al. 1991. "Simulation of surface urban heat islands under 'ideal' conditions at night part 2: Diagnosis of causation." *Boundary—Layer Meteorology*, 56(4):339—358.

Oliveira S, Andrade H, Vaz T. 2011. "The cooling effect of green spaces as a contribution to the mitigation of urban heat: A case study in Lisbon." *Building and Environment*, 46(11):2186—2194.

Omonijo Akinyemi Gabriel. 2017. "Assessing seasonal variations in urban thermal comfort and potential health risks using Physiologically Equivalent Temperature: A case of Ibadan, Nigeria." *Urban Climate*, 21:87—105.

Onishi A, Cao X, Ito T, et al. 2010. "Evaluating the potential for urban heat—island mitigation by greening parking lots." *Urban Forestry & Urban Greening*, 9(04):323—332.

Outcalt S I. 1972. "The Development and Application of a Simple Digital Surface-Climate Simulator." *Journal of Applied Meteorology*, 11(04):629—636.

Parham P, Guethlein L A. 2010. "Pregnancy immunogenetics: NK cell education in the womb?" *Journal of Clinical Investigation*, 120(11):3801—3804.

Park H. 2012. "Toward Finding an Optimal Balance between Function and Comfort in the Most Intimate Human Environment." *Journal of ergonomics*, 2(4).

Park M, Hagishima A, Tanimoto J, et al. 2012. "Effect of urban vegetation on outdoor thermal environment: Field measurement at a scale model site." *Building and Environment*, 56:38—46.

Peng S, Piao S, Ciais P, et al. 2011. "Surface urban heat island across 419 global big cities." *Environmental Science & Technology*, 46(02):696—703.

Provençal S, Bergeron O, Leduc R, et al. 2016. "Thermal comfort in Quebec City, Canada: sensitivity analysis of the UTCI and other popular thermal comfort indices in a mid—latitude continental city." *International journal of biometeorology*, 60(4):591—603.

Qaid A, Lamit H B, Ossen D R, et al. 2016. "Urban heat island and thermal comfort conditions at micro—climate scale in a tropical planned city." *Energy and Buildings*, 133:577—595.

Qin Z, Karnili A. 2001. "A mono—window algorithm for retrieving land surface temperature from Landsat TM data and its application to the Israel—Egypt border region." *International Journal of Remote Sensing*, 22(18):3719—3746.

Rao P K. 1972. "Remote sensing of urban heat islands from an environmental satellite." *Bulletin of the American Meteorological Society*, 53(07):647.

Ren Z, He X, Zheng H, et al. 2013. "Estimation of the relationship between urban park characteristics and park cool island intensity by remote sensing data and field measurement." *Forests*, 4(04):868—886.

Rosenfeld A H, Akbari H, Bretz S, et al. 1995. "Mitigation of urban heat islands: materials, utility programs, updates." *Energy and Buildings*, 22(03): 255—265.

Rosenzweig C, Solecki W, Slosberg R., 2006. "Mitigating New York City's heat island with urban forestry, living roofs, and light surfaces." *In*: *Proceedings of Sixth Symposium on the Urban Environment*, January 30-Feburary 2, Atlanta, GA.

Sailor D J, Lu L. 2004. "A top-down methodology for developing diurnal and seasonal anthropogenic heating profiles for urban areas." *Atmospheric Environment*, 38(17):2737—2748.

Santamouris M, Synnefa A, Karlessi T. 2011. "Using advanced cool materials in the urban built environment to mitigate heat islands and improve thermal comfort conditions." *Solar Energy*, 85(12):3085—3102.

Semenza J C, Rubin C H, Falter K H, et al. 1996. "Heat—related deaths during the July 1995 heat wave in Chicago." *New England Journal of Medicine*, 335 (02):84—90.

Shahmohamadi P, Che—Ani A I, Etessam I, et al. 2011. "Healthy environment: the need to mitigate urban heat island effects on human health." *Procedia Engineering*, 20:61—70.

Sharmin T, Steemers K, Humphreys M A, et al. 2019. "Outdoor thermal comfort and summer PET range: A field study in tropical city Dhaka." *Energy and Buildings*, 149—159.

Shi J, Deng J, Wang X, et al. 2011. "Thermal effect and adjusting mechanism of rural landscape patterns." *Scientia Silvae Sinicae*, 47:7—15.

Shu J, Li C. 1997. "On some features of the urban climate of Shanghai—ten—year's research review(1983—1992): International symposium on monitoring and management of urban heat island." *Proceeding*, *Kanagawa*: Keio University.

Smith D M. 1966. "A theoretical framework for geographical studies of industrial location." *Economic Geography*, 42(2):95—113.

Skelhorn C, Lindley S, Levermore G. 2014. "The impact of vegetation types on air and surface temperatures in a temperate city: A fine scale assessment in Manchester, UK." *Landscape and Urban Planning*, 121:129—140.

Sobrino J A, Jim Nez—Mu Oz J C, Paolini L. 2004. "Land surface temperature retrieval from LANDSAT TM 5." *Remote Sensing of Environment*, 90 (04): 434—440.

Sogaard H. J. R. Mather: Climatology. 1978. Fundamentals and Applications. *Journal of Geography*.

Solecki W D, Rosenzweig C, Parshall L, et al. 2005. "Mitigation of the heat island effect in urban New Jersey." *Global Environment Change Part B: Environmental Hazards*, 6(01):39—49.

Sookchaiya T, Monyakul V, Thepa S, et al. 2010. "Assessment of the thermal environment effects on human comfort and health for the development of novel air conditioning system in tropical regions." *Energy and Buildings*, 42(10):1692—1702.

Srivanit M, Hokao K. 2013. "Evaluating the cooling effects of greening for improving the outdoor thermal environment at an institutional campus in the summer." *Building and Environment*, 66:158—172.

Stabler L B, Martin C A, Brazel A J. 2005. "Microclimates in a desert city were related to land use and vegetation index." *Urban Forestry & Urban Greening*, 3(04):137—147.

Steadman R G. 1994. "Norms of apparent temperature in Australia." *Australia Meteorological Management*, 43(1):1—16.

Steeneveld G J, Koopmans S, Heusinkveld B G, et al. 2011. "Quantifying urban heat island effects and human comfort for cities of variable size and urban morphology in the Netherlands." *Journal of Geophysical Research: Atmospheres*, 116(D20).

Steeneveld G J, Koopmans S, Heusinkveld B G, et al. 2014. "Refreshing the role of open water surfaces on mitigating the maximum urban heat island effect." *Landscape and Urban Planning*, 121:92—96.

Stone B, Norman J M. 2006. "Land use planning and surface heat island formation: A parcel—based radiation flux approach." *Atmospheric Environment*, 40(19):3561—3573.

Stott P A, Stone D A, Allen M R. "Human contribution to the European heatwave of 2003." *Nature*, 432(7017):610—614.

Su W, Gu C, Yang G. 2010. "Assessing the impact of land use/land cover on urban heat island pattern in Nanjing City, China." *Journal of Urban Planning and Development*, 136(04):365—372.

Sugawara H, Shimizu S, Takahashi H, et al. 2016. "Thermal influence of a large green space on a hot urban environment." *Journal of Environmental Quality*, 45(01):125—133.

Sun R, Chen A, Chen L, et al. 2012. "Cooling effects of wetlands in an urban region: The case of Beijing." *Ecological Indicators*, 20:57—64.

Sun R, Chen L. 2012. "How can urban water bodies be designed for climate adaptation?" *Landscape and Urban Planning*, 105(02):27—33.

Taha H. 1997. "Urban climates and heat islands: albedo, evapotranspiration, and anthropogenic heat." *Energy and Buildings*, 25(02):99—103.

Takahashi K, Yoshida H, Tanaka Y, et al. 2004. "Measurement of thermal environment in Kyoto city and its prediction by CFD simulation." *Energy and Buildings*, 36(08):771—779.

Takebayashi H, Moriyama M. 2007. "Surface heat budget on green roof and high reflection roof for mitigation of urban heat island." *Building and Environment*, 42(08):2971—2979.

Taleghani M, Kleerekoper L, Tenpierik M, et al. 2015. "Outdoor thermal comfort within five different urban forms in the Netherlands." *Building and environment*, 83:65—78.

Tan J, Zheng Y, Tang X, et al. 2010. "The urban heat island and its impact on heat waves and human health in Shanghai." *International Journal of Biometeorology*, 54(01):75—84.

Thom E C. 1959. "The discomfort index." *Weatherwise*, 12(2):57—61.

Tong H, Walton A, Sang J, et al. 2005. "Numerical simulation of the urban boundary layer over the complex terrain of Hong Kong." *Atmospheric Environment*, 39(19):3549—3563.

Trethowan P D, Robertson M P, McConnachie A J. 2011. "Ecological niche modelling of an invasive alien plant and its potential biological control agents." *South African Journal of Botany*, 77(1):137—146.

Vandentorren S, Bretin P, Zeghnoun A, et al. 2006. "August 2003 Heat Wave in France: Risk Factors for Death of Elderly People Living at Home." *European Journal of Public Health*, 16(6):583—591.

Velazquez—Lozada A, Gonzalez J E, Winter A. 2006. "Urban heat island effect analysis for San Juan, Puerto Rico." *Atmospheric Environment*, 40(09):1731—1741.

Venhari A A, Tenpierik M, Taleghani M. 2019. "The role of sky view factor and urban street greenery in human thermal comfort and heat stress in a desert climate." *Journal of Arid Environments*, 166:68—76.

Wang Y, de Groot R, Bakker F, et al. 2017. "Thermal comfort in urban green spaces: a survey on a Dutch university campus." *International journal of biometeorology*, 61(1):87—101.

Watkins R, Palmer J, Kolokotroni M, et al. 2007. "Increased Temperature and Intensification of the Urban Heat Island: Implications for Human Comfort and Urban Design." *Built Environment*, 33(1):85—96.

Watson K. 1973. "Periodic heating of a layer over a semi - infinite solid." *Journal of Geophysical Research*, 78(26):5904—5910.

Weng Q. 2001. "A remote sensing GIS evaluation of urban expansion and its impact on surface temperature in the Zhujiang Delta, China." *International Journal of Remote Sensing*, 22(10):1999—2014.

Weng Q, Lu D, Schubring J. 2004. "Estimation of land surface temperature? vegetation abundance relationship for urban heat island studies." *Remote Sensing of Environment*, 89(04):467—483.

Weng Q, Rajasekar U, Hu X. 2011. "Modeling urban heat islands and their relationship with impervious surface and vegetation abundance by using ASTER images." *IEEE Transactions on Geoscience and Remote Sensing*, 49(10):4080—4089.

Wilson J S, Clay M, Martin E, et al. 2003. "Evaluating environmental influences of zoning in urban ecosystems with remote sensing." *Remote Sensing of Environment*, 86(03):303—321.

Wong N H, Yu C. 2005. "Study of green areas and urban heat island in a tropical city." *Habitat International*, 29(03):547—558.

Wu H, Ye L, Shi W, et al. 2014. "Assessing the effects of land use spatial structure on urban heat islands using HJ—1B remote sensing imagery in Wuhan, China." *International Journal of Applied Earth Observation and Geoinformation*, 67—78.

Xi T Y, Li Q, Mochida A. 2012. "Study on the outdoor thermal environment and thermal comfort around campus clusters in subtropical urban areas." *Building and Environment*, (52):162—170.

Xiong J, Lian Z, Zhou X, et al. 2015. "Effects of temperature steps on human health and thermal comfort." *Building and Environment*, 144—154.

Xu T, Sathaye J, Akbari H, et al. 2012. "Quantifying the direct benefits of cool roofs in an urban setting: Reduced cooling energy use and lowered greenhouse gas emissions." *Building and Environment*, 48:1—6.

Yamda T. 2000. "Building and terrain effects in a mesoscale model: In: 11th Conference on Air Pollution Meteorology, Long Beach California." *New Mexico*.

Yang B, Meng F, Ke X, et al. 2015. "The Impact Analysis of Water Body Landscape Pattern on Urban Heat Island: A Case Study of Wuhan City." *Advances in Meteorology*, 1—7.

Yang F, Lau S S Y, Qian F. 2010. "Summertime heat island intensities in three high—rise housing quarters in inner—city Shanghai China: Building layout, density and greenery." *Building and Environment*, 45(01):115—134.

Yee S Y K. 1988. "The force—restore method revisited." *Boundary—Layer Meteorology*, 43(02):85—90.

Yoshikado H, Tsuchida M. 1996. "High levels of winter air pollution under the influence of the urban heat island along the shore of Tokyo Bay." *Journal of Applied Meteorology*, 35(10):1804—1813.

Yu C, Hien W N. 2006. "Thermal benefits of city parks." *Energy and Buildings*, 38(02):105—120.

Yuan F, Bauer M E. 2007. "Comparison of impervious surface area and normalized difference vegetation index as indicators of surface urban heat island effects in Landsat imagery." *Remote Sensing of Environment*, 106(03):375—386.

Zhang K, Wang R, Shen C, et al. 2010. "Temporal and spatial characteristics of the urban heat island during rapid urbanization in Shanghai, China." *Environmental Monitoring and Assessment*, 169(04):101—112.

Zhong S, Qian Y, Zhao C, et al. 2017. "Urbanization—induced urban heat island and aerosol effects on climate extremes in the Yangtze River Delta region of China." *Atmospheric Chemistry and Physics*, 17(08):5439—5457.

Zhou Y, Shi T, Hu Y, et al. 2011. "Urban green space planning based on computational fluid dynamics model and landscape ecology principle: A case study of Liaoyang City, Northeast China." *Chinese Geographical Science*, 21(04):465—475.

Zinzi M，Agnoli S. 2012. "Cool and green roofs. An energy and comfort comparison between passive cooling and mitigation urban heat island techniques for residential buildings in the Mediterranean region." *Energy and Buildings*，55:66—76.

二、中　文

白杨,王晓云,姜海梅,等:《城市热岛效应研究进展》,《气象与环境学报》,2013年第 29 卷第 2 期,第 101—106 页。

鲍淳松,楼国富,陶振国,等:《热岛与绿地率关系的研究》,《环境与开发》,2001年第 2 期,第 12—13 页。

陈辉,古琳,黎燕琼,等:《成都市城市森林格局与热岛效应的关系》,《生态学报》,2009 年第 29 卷第 9 期,第 4865—4874 页。

陈健,崔森,刘镇宇:《北京夏季绿地小气候效应》,《北京林学院学报》,1983 年第 1 卷第 1 期,第 15—25 页。

陈健:《探讨合肥市绿地景观结构特点及其降温效应》,《安徽农业科学》,2010 年第 28 期,第 15838—15841 页。

陈金华,赵福滔,李文强,等:《重庆市中低海拔村镇旅游区住宅热湿环境实测与热舒适研究》,《湖南大学学报》(自然科学版),2015 年第 42 卷第 7 期,第 128—134 页。

陈利顶,刘洋,吕一河,等:《景观生态学中的格局分析:现状、困境与未来》,《生态学报》,2008 年第 28 卷第 11 期,第 5521—5531 页。

陈利顶,孙然好,刘海莲:《城市景观格局演变的生态环境效应研究进展》,《生态学报》,2013 年第 33 卷第 4 期,第 1042—1050 页。

陈云浩,李晓兵,史培军,等:《上海城市热环境的空间格局分析》,《地理科学》,2002 年第 22 卷第 3 期,第 317—323 页。

陈云浩,史培军,李晓兵:《基于遥感和 GIS 的上海城市空间热环境研究》,《测绘学报》,2002 年第 31 卷第 2 期,第 139—144 页。

程晨,蔡喆,闫维,等:《基于 LandsatTM_ETM 的天津城区及滨海新区热岛效应时空变化研究》,《自然资源学报》,2010 年第 25 卷第 10 期,第 1727—1737 页。

程好好,曾辉,汪自书,等:《城市绿地类型及格局特征与地表温度的关系——以深圳特区为例》,《北京大学学报》(自然科学版),2009 年第 45 卷第 3 期,第 495—

501 页。

程蕊:《上海市热环境监测方法及城镇居住区热岛效应研究》,上海:华东师范大学,2009 年。

戴晓燕,张利权,过仲阳,等:《上海城市热岛效应形成机制及空间格局》,《生态学报》,2009 年第 29 卷第 7 期,第 3995—4004 页。

丁凤,徐涵秋:《TM 热波段图像的地表温度反演算法与实验分析》,《地球信息科学》,2006 年第 8 卷第 3 期,第 125—130 页。

丁凤,徐涵秋:《单窗算法和单通道算法对参数估计误差的敏感性分析》,《测绘科学》,2007 年第 32 卷第 1 期,第 87—90 页。

丁金才,张志凯,奚红,等:《上海地区盛夏高温分布和热岛效应的初步研究》,《大气科学》,2002 年第 26 卷第 3 期,第 412—420 页。

丁圣彦,曹新向:《清末以来开封市水域景观格局变化》,《地理学报》,2004 年第 59 卷第 6 期,第 956—963 页。

杜铭霞,张明军,王圣杰:《新疆典型绿洲冷岛和湿岛效应强度》,《生态学杂志》,2015 年第 6 期,第 1523—1531 页。

樊福卓:《中国工业地区专业化结构分解:1985—2006 年》,《经济与管理》,2009 年第 23 卷第 9 期,第 15—19 页。

冯定原,邱新法:《中国工业地区专业化结构分解:1985—2006 年》,《经济与管理》,2009 年第 23 卷第 9 期,第 15—19 页。

冯晓刚,石辉:《基于遥感的夏季西安城市公园"冷效应"研究》,《生态学报》,2012 年第 32 卷第 23 期,第 7355—7363 页。

冯晓刚:《城市热岛效应演变与成因遥感研究》,西安:陕西师范大学,2011 年。

冯悦怡,胡潭高,张力小:《城市公园景观空间结构对其热环境效应的影响》,《生态学报》,2014 年第 34 卷第 12 期,第 3179—3187 页。

付雪婷,薛静,王青,等:《城市热岛效应与健康》,《国外医学:医学地理分册》,2004 年第 25 卷第 1 期,第 43—45 页。

龚志强,何介南,康文星,等:《长沙市城区热岛时间分布特征分析》,《中国农学通报》,2011 年第 14 期,第 200—204 页。

郭晋平,张芸香:《城市景观及城市景观生态研究的重点》,《中国园林》,2003 年,第 44—46 页。

郝兴宇,蔺银鼎,武小钢,等:《城市不同绿地垂直热力效应比较》,《生态学报》,2007 年第 2 期,第 685—692 页。

何介南,肖毅峰,吴耀兴,等:《4种城市绿地类型缓解热岛效应比较》,《中国农学通报》,2011年第16期,第70—74页。

何晓凤,蒋维楣,陈燕,等:《人为热源对城市边界层结构影响的数值模拟研究》,《地球物理学报》,2007年第50卷第1期,第74—82页。

侯翠萍,马承伟:《FlUENT在研究温室通风中的应用》,《农机化研究》,2007年第7期,第5—9页。

胡隐樵:《沙漠、戈壁中的一种特殊气象现象——冷岛效应》,《自然杂志》,1989年第10期,第773—777页。

胡永红,王丽勉,秦俊,等:《不同群落结构的绿地对夏季微气候的改善效果》,《安徽农业科学》,2006年第2期,第235—237页。

黄海霞,李建龙,黄良美:《南京市小气候日变化规律及其对人体舒适度的影响》,《生态学杂志》,2008年第27卷第4期,第601—606页。

黄焕春:《城市热岛的形成演化机制与规划对策研究》,天津:天津大学,2014年。

贾刘强:《城市绿地缓解热岛的空间特征研究》,西安:西南交通大学,2009年。

江田汉,束炯,邓莲堂:《上海城市热岛的小波特征》,《热带气象学报》,2004年第20卷第5期,第515—522页。

康博文,王得祥,刘建军,等:《城市不同绿地类型降温增湿效应的研究》,《西北林学院学报》,2005年第20卷第2期,第554—556页。

李芙蓉,李丽萍:《热浪对城市居民健康影响的流行病学研究进展》,《环境与健康杂志》,2008年第12期,第1119—1121页。

李国琛:《全球气候变暖成因分析》,《自然灾害学报》,2005年第14卷第5期,第38—42页。

李虹,冯仲科,唐秀美,等:《区位因素对绿地降低热岛效应的影响》,《农业工程学报》,2016年第32卷第2期,第316—322页。

李皓:《可持续发展的城市环境管理》,http://www.cbcf.org.cn/kpyd/kpbg/10index.htm。

李坤明,张宇峰,赵立华,等:《热舒适指标在湿热地区城市室外空间的适用性》,《建筑科学》,2017年第33卷第2期,第15—19页。

李鹍:《基于遥感与CFD仿真的城市热环境研究》,武汉:华中科技大学,2008年。

李莹莹:《城镇绿色空间时空演变及其生态环境效应研究——以上海为例》,上海:上海复旦大学,2012年。

李子华,唐斌,任启福:《重庆市区冬季热岛和湿岛效应的研究》,《地理学报》,1993年第4期,第358—366页。

梁保平,马艺芳,李晖:《桂林市典型园林绿地与水体的降温效应研究》,《生态环境学报》,2015年第24卷第2期,第278—285页。

刘娇妹,李树华,吴菲,等:《纯林、混交林型园林绿地的生态效益》,《生态学报》,2007年第2期,第674—684页。

刘梅,于波,姚克敏:《人体舒适度研究现状及其开发应用前景》,《气象科技》,2002年第1期,第11—14,18页。

刘明欣:《城市超大型绿色空间规划研究》,广州:华南理工大学,2019年。

刘树成,赵京兴:《"经济形势分析与预测 1994年春季座谈会"综述》,《红旗文稿》,1994年第10期,第28—32页。

刘文渊,谢亚楠,万智龙,等:《不同地表参数变化的上海市热岛效应时空分析》,《遥感技术与应用》,2012年第27卷第5期,第797—803页。

刘晓涛:《上海市第一次全国水利普查暨第二次水资源普查总报告》,北京:中国水利水电出版社,2013年版。

刘伟东,杨萍,尤焕苓,等:《北京地区热岛效应及日较差特征》,《气候与环境研究》,2013年第18卷第2期,第171—177页。

刘雅婷:《湿热地区城市公园冷岛效应影响因子研究》,深圳:深圳大学,2017年。

刘艳红,郭晋平,魏清顺:《基于CFD的城市绿地空间格局热环境效应分析》,《生态学报》,2012年第32卷第6期,第1951—1959页。

刘艳红,郭晋平:《城市景观格局与热岛效应研究进展》,《气象与环境学报》,2007年第23卷第6期,第46—50页。

罗生洲,巨克英,罗延年,等:《1954—2011年西宁旅游气候舒适期时间变化分析》,《冰川冻土》,2013年第35卷第5期,第1193—1201页。

蔺银鼎,韩学孟,武小刚,等:《城市绿地空间结构对绿地生态场的影响》,《生态学报》,2006年第26卷第10期,第3339—3346页。

蔺银鼎,武小刚,郝兴宇:《城市绿地边界温湿度效应对绿地结构的响应》,《中国园林》,2006年第9期,第73—76页。

马国霞,甘国辉:《区域经济发展空间研究进展》,《地理科学进展》,2005年第24卷第2期,第90—99页。

马雪梅,张友静,黄浩:《城市热场与绿地景观相关性定量分析》,《国土资源遥感》,2005年第3期,第10—13页。

牛雄,陈振华:《关于城市中心分移的理论探讨——以南宁为例》,《城市规划》,2007年第31卷第2期,第32—37页。

彭保发,石忆邵,王贺封,等:《城市热岛效应的影响机理及其作用规律——以上海市为例》,《地理学报》,2013年第68卷第11期,第1461—1471页。

彭静,刘伟东,龙步菊,等:《北京城市热岛的时空变化分析》,《地球物理学进展》,2007年第6期,第1942—1947页。

彭少麟,周凯,叶有华,等:《城市热岛效应研究进展》,《生态环境》,2005年第14卷第4期,第574—579页。

齐丹坤,李晓,张怀,等:《基于古林法的伊春林区不同等级森林生态区位测度研究》,《林业经济问题》,2014年第34卷第2期,第145—148页。

漆梁波:《近10年上海盛夏高温及热岛强度变化趋势》,《气象科技》,2004年第32卷第6期,第433—437页。

秦俊:《绿地缓解城市居住区热环境效应的研究》,上海,华东师范大学,2014年。

邱建,贾刘强,王勇:《基于遥感的青岛市热岛与绿地的空间相关性》,《西南交通大学学报》,2008年第4期,第427—433页。

上海市统计局:上海统计年鉴,上海:上海市统计局,2016年。

沈涛,袁春琼,刘玉安:《乌鲁木齐市热岛强度分布与植被覆盖相互关系的遥感研究》,《新疆气象》,2004年第1期,第28—30页。

盛辉,万红,崔建勇,等:《基于TM影像的城市热岛效应监测与预测分析》,《遥感技术与应用》,2010年第25卷第1期,第8—14页。

史芸婷,张彪,高吉喜,等:《基于城市热岛格局的绿地冷岛需求评估——以北京市朝阳区为例》,《资源科学》,2019年第41卷第8期,第1541—1550页。

苏从先,胡隐樵:《绿洲和湖泊的冷岛效应》,《科学通报》,1987年第10期,第756—758页。

束炯,江田汉,杨晓明:《上海城市热岛效应的特征分析》,《上海环境科学》,2000年第19卷第11期,第532—534页。

宋家泰,顾朝林:《城镇体系规划的理论与方法初探》,《地理学报》,1988年第55卷第2期,第97—107页。

苏泳娴,黄光庆,陈修治,等:《广州市城区公园对周边环境的降温效应》,《生态学报》,2010年第30卷第18期,第4905—4918页。

孙然好,王业宁,陈婷婷:《人为热排放对城市热环境的影响研究展望》,《生态学报》,2017年第37卷第12期,第3991—3997页。

孙勇,潘毅群:《绿化和建筑布局对住宅小区的风热环境影响的数值模拟分析》,《建筑节能》,2016 年第 44 卷第 6 期,第 78—84 页。

孙喆:《北京市第一道绿化隔离带区域热环境特征及绿地降温作用》,《生态学杂志》,2019 年第 38 卷第 11 期,第 3496—3505 页。

谈建国:《气候变暖、城市热岛与高温热浪及其健康影响研究》,南京:南京信息工程大学,2008 年。

谭冠日:《全球变暖对上海和广州人群死亡数的可能影响》,《环境科学学报》,1994 年第 14 卷第 3 期,第 368—373 页。

唐罗忠,李职奇,严春风,等:《不同类型绿地对南京热岛效应的缓解作用》,《生态环境学报》,2009 年第 1 期,第 23—28 页。

唐曦,束炯,乐群:《基于遥感的上海城市热岛效应与植被的关系研究》,《华东师范大学学报》(自然科学版),2008 年第 1 卷第 1 期,第 119—128 页。

唐秀美,潘瑜春,高秉博,等:《北京市平原造林生态系统服务价值评估》,《北京大学学报》(自然科学版),2016 年第 52 卷第 2 期,第 274—278 页。

唐子来,付磊:《城市密度分区研究——以深圳经济特区为例》,《城市规划汇刊》,2003 年第 4 期,第 1—9 页。

田国量:《热红外遥感》,北京:电子工业出版社,2006 年版。

佟华,刘辉志,李延明,等:《北京夏季城市热岛现状及楔形绿地规划对缓解城市热岛的作用》,《应用气象学报》,2005 年第 16 卷第 3 期,第 357—366 页。

王翠云:《基于遥感和 CFD 技术的城市热环境分析与模拟——以兰州市为例》,兰州:兰州大学,2008 年。

王辉,王宁:《武汉市城区"热岛效应"初步研究——浅析城市规划缓解"热岛效应的作用"》,《江汉大学学报》(社会科学版),2011 年第 28 卷第 2 期,第 81—83 页。

王金星,卞林根,高志球:《城市边界层湍流和下垫面空气动力学参数观测研究》,《气象科技》,2002 年第 30 卷第 2 期,第 65—79 页。

王娟,蔺银鼎,刘清丽:《城市绿地在减弱热岛效应中的作用》,《草原与草坪》,2006 年第 6 期,第 56—59 页。

王帅帅,陈颖彪,千庆兰,等:《城市公园对城市热岛的影响及三维分析——以广州市主城区为例》,《生态环境学报》,2014 年第 23 卷第 11 期,第 1792—1798 页。

王新军,敬东,张凤娥:《上海城市热岛效应与绿地系统建设研究》,《华中建筑》,2008 年第 26 卷第 12 期,第 113—117 页。

王耀斌,赵永华,韩磊,等:《西安市景观格局与城市热岛效应的耦合关系》,《应用生态学报》,2017年第28卷第8期,第2621—2628页。

王一,栾沛君:《室外公共空间夏季热舒适性评价研究——以上海当代大中型住宅区为例》,《住宅科技》,2016年第36卷第11期,第52—57页。

王祖德,陈正玄:《上海农业志》,上海:上海社会科学院出版社,1996年版。

魏斌,王景旭,张涛:《城市绿地生态效果评价方法的改进》,《城市环境与城市生态》,1997年第4期,第54—56页。

吴传均,刘建一,甘国辉:《现代经济地理学》,南京:江苏教育出版社,1997年版。

吴菲,李树华,刘娇妹:《林下广场、无林广场和草坪的温湿度及人体舒适度》,《生态学报》,2007年第7期,第2964—2971页。

吴仁武,晏海,舒也,等:《竹类植物夏季微气候特征及其对人体舒适度的影响》,《中国园林》,2019年第35卷第7期,第112—117页。

吴思佳,董丽,贾培义,等:《基于计算流体力学数值模拟的城市绿地温湿效应及室外热舒适评价研究进展》,《风景园林》,2019年第26卷第12期,第79—84页。

夏佳,但尚铭,陈刚毅:《成都市热岛效应演变趋势与城市变化关系研究》,《成都信息工程学院学报》,2007年第22卷第S1期,第6—11页。

夏俊士:《基于遥感数据的城市地表温度与土地覆盖定量研究》,《遥感技术与应用》,2010年第25卷第1期,第15—23页。

夏廉博:《人类生物气象学》,北京:气象出版社,1986年版。

肖荣波,欧阳志云,李伟峰,等:《城市热岛的生态环境效应》,《生态学报》,2005年第25卷第8期,第2055—2060页。

谢启姣:《城市热岛演变及其影响因素研究》,武汉:华中农业大学,2011年。

许孟楠,李百战,杨心诚,等:《湿球黑球温度(WBGT)评价高温环境热压力方法优化》,《重庆大学学报》(自然科学版),2014年第37卷第7期,第110—114页。

许世远,黄仰松,范安康:《上海市地貌类型与地貌区分》,《华东师范大学学报》(自然科学版),1986年第4期。

闫峰,覃志豪,李茂松,等:《基于MODIS数据的上海市热岛效应研究》,《武汉大学学报》(信息科学版),2007年第32卷第7期,第576—580页。

杨凯,唐敏,刘源,等:《上海中心城区河流及水体周边小气候效应分析》,《华东师范大学学报》(自然科学版),2004年第3期,第105—114页。

杨瑞卿:《徐州市城市绿地景观格局与生态功能及其优化研究》,南京:南京林业大学,2006年。

杨沈斌,赵小艳,申双和,等:《基于Landsat TM/ETM+数据的北京城市热岛季节特征研究》,《大气科学学报》,2010年第33卷第4期,第427—435页。

杨士弘,林文格:《浅议广州建设山水城市与生态城市》,《华南师范大学学报》(自然科学版),2002年第1期,第13—18页。

杨小波,吴庆书,邹伟:《城市生态学》,北京:科学出版社,2006年版。

杨绂超,陈葆德,胡可嘉:《城市化对极端高温事件影响研究进展》,《地理科学进展》,2015年第10期,第1219—1228页。

杨永川,齐猛,杨柯,等:《重庆都市区人工湖的热湿效应研究》,《西部人居环境学刊》,2015年第30卷第3期,第77—81页。

余兆武,郭青海,孙然好:《基于景观尺度的城市冷岛效应研究综述》,《应用生态学报》,2015年第26卷第2期,第636—642页。

岳文泽,徐建华,谈文琦:《城市景观格局的空间尺度分析》,《生态科学》,2005年第24卷第2期,第102—106页。

岳文泽,徐丽华:《城市典型水域景观的热环境效应》,《生态学报》,2013年第33卷第6期,第1852—1859页。

岳文泽,徐丽华:《城市土地利用类型及格局的热环境效应研究——以上海市中心城区为例》,《地理科学》,2007年第27卷第2期,第243—248页。

岳文泽:《基于遥感影像的城市景观格局及其热环境效应研究》,上海:华东师范大学,2005年。

曾菊新:《论新世纪适宜居住的城市观》,《经济地理》,2001年第21卷第3期,第306—309页。

张昌顺,谢高地,鲁春霞,等:《北京城市绿地对热岛效应的缓解作用》,《资源科学》,2015年第6期,第1156—1165页。

张常旺,孟飞,于琦人:《基于ENVI-met的校园热环境数值模拟研究》,《山东建筑大学学报》,2018年第3期,第50—55页。

张健,章新平,王晓云,等:《北京地区气温多尺度分析和热岛效应》,《干旱区地理》,2010年第33卷第1期,第51—58页。

张景哲,刘启明:《北京城市气温与下垫面结构关系的时相变化》,《地理学报》,1988年第43卷第2期,第159—168页。

张浪:《特大型城市绿地系统布局结构及其构建研究——以上海为例》,南京:南京林业大学,2007年。

张明丽,秦俊,胡永红:《上海市植物群落降温增湿效果的研究》,《北京林业大学学报》,2008年第2期,第39—43页。

张伟,但尚铭,韩力,等:《基于 AVHRR 的成都平原城市热岛效应演变趋势分析》,《四川环境》,2007 年第 26 卷第 2 期,第 26—29 页。

张艳,鲍文杰,余琦,等:《超大城市热岛效应的季节变化特征及其年际差异》,《地球物理学报》,2012 年第 55 卷第 4 期,第 1121—1128 页。

赵凌君,李丽,周孝清,等:《广州地区校园夏季室外热环境舒适性研究》,《建筑科学》,2016 年第 32 卷第 8 期,第 93—98 页。

赵鸣:《大气边界层动力学》,北京:高等教育出版社,2006 年版。

周东颖,张丽娟,张利,等:《城市景观公园对城市热岛调控效应分析——以哈尔滨市为例》,《地域研究与开发》,2011 年第 3 期,第 73—78 页。

周红妹,丁金才,徐一鸣,等:《城市热岛效应与绿地分布的关系监测和评估》,《上海农业学报》,2002 年第 18 卷第 2 期,第 83—88 页。

周红妹,高阳,葛伟强,等:《城市扩展与热岛空间分布变化关系研究——以上海为例》,《生态环境》,2008 年第 17 卷第 1 期,第 163—168 页。

周建国,黄力士:《上海建设东方水都城市的规划构想》,上海:上海社会科学院出版社,2003 年版。

周淑贞,束炯:《城市气候学》,北京:气象出版社,1994 年版。

朱春阳,李树华,纪鹏,等:《城市带状绿地宽度与温湿效益的关系》,《生态学报》,2011 年第 31 卷第 2 期,第 383—394 页。

朱家其,汤绪,江灏:《上海市城区气温变化及城市热岛》,《高原气象》,2006 年第 25 卷第 6 期,第 1154—1160 页。

朱焱,刘红年,沈建,等:《苏州城市热岛对污染扩散的影响》,《高原气象》,2016 年第 6 期,第 1584—1594 页。

图书在版编目(CIP)数据

城市"蓝绿空间"冷岛效应及其对人体舒适性影响研
究/杜红玉著.—上海:上海人民出版社,2021
(上海社会科学院青年学者丛书)
ISBN 978 - 7 - 208 - 17003 - 2

Ⅰ.①城⋯　Ⅱ.①杜⋯　Ⅲ.①区域生态环境-影响-
人体-体感温度-舒适性-研究-上海　Ⅳ.①Q432

中国版本图书馆 CIP 数据核字(2021)第 045592 号

责任编辑　王　琪
封面设计　路　静

上海社会科学院青年学者丛书

城市"蓝绿空间"冷岛效应及其对人体舒适性影响研究
杜红玉　著

出　　版　上海人民出版社
　　　　　 (200001　上海福建中路 193 号)
发　　行　上海人民出版社发行中心
印　　刷　上海商务联西印刷有限公司
开　　本　720×1000　1/16
印　　张　14.5
插　　页　4
字　　数　180,000
版　　次　2021 年 5 月第 1 版
印　　次　2021 年 5 月第 1 次印刷
ISBN 978 - 7 - 208 - 17003 - 2/F · 2688
定　　价　60.00 元